高等职业教育**活页式工作手册**

高等职业教育**新形态教材**

医用检验仪器原理与维护

曲怡蓉　刘 冰◎主　编

齐丹丹　李 伟◎副主编

化学工业出版社

·北京·

内容简介

本教材是以国家医疗器械装配工职业标准和医疗器械专业教学标准为依据，综合职业能力培养为目标，融合岗位职业素养，以学习者为中心，以课程思政为引领构建教材内容，对教材进行模块化编排。教材设计理念是以“职业岗位—学习模块—工作任务”为主线，以医用检验仪器维护工作中典型的工作任务为载体，全面介绍医院中常用医用检验仪器的原理、结构、安装及维修保养等内容。教材内容主要包括离心机、电泳仪、血细胞分析仪、尿液分析仪、生化分析仪、化学发光免疫分析仪、电解质分析仪、血凝固分析仪等 8 种仪器设备相关的教学项目，23 个教学任务以及丰富的思政案例。各项目任务内设有“任务描述”“任务学习目标”“任务准备”“思政小课堂”“任务实施”“任务评价”等板块。教材依托信息化载体，以二维码链接的形式融合 PPT、微课、动画等数字资源，实现教材与教学中各要素的有效衔接。

本教材主要供医疗器械类相关专业学生、医用检验仪器相关工作从业者学习。

图书在版编目（CIP）数据

医用检验仪器原理与维护 / 曲怡蓉，刘冰主编. —北京：化学工业出版社，2024.6
高等职业教育活页式工作手册
ISBN 978-7-122-45471-3

Ⅰ.①医… Ⅱ.①曲… ②刘… Ⅲ.①医用分析仪器-高等职业教育-教材 Ⅳ.①TH776

中国国家版本馆CIP数据核字（2024）第081500号

责任编辑：蔡洪伟　　文字编辑：王丽娜
责任校对：李露洁　　装帧设计：王晓宇

出版发行：化学工业出版社
（北京市东城区青年湖南街13号　邮政编码100011）
印　　装：中煤（北京）印务有限公司
787mm×1092mm　1/16　印张13　字数303千字
2024年8月北京第1版第1次印刷

购书咨询：010-64518888　　售后服务：010-64518899
网　　址：http://www.cip.com.cn
凡购买本书，如有缺损质量问题，本社销售中心负责调换。

定　　价：48.00元　

编写人员名单

主　编　曲怡蓉　山东药品食品职业学院

　　　　　刘　冰　山东药品食品职业学院

副主编　齐丹丹　河北化工医药职业技术学院

　　　　　李　伟　山东医药高等专科学校

编　者（以姓氏笔画为序）

王海平　山东威高集团

曲怡蓉　山东药品食品职业学院

刘　冰　山东药品食品职业学院

刘　威　山东药品食品职业学院

齐丹丹　河北化工医药职业技术学院

江　洋　山东药品食品职业学院

李　伟　山东医药高等专科学校

杨　磊　上海名迈教育科技有限公司

吴翠杨　山东药品食品职业学院

张洪运　山东药品食品职业学院

宫在科　威海威仕泰医疗科技有限公司

徐建彤　山东医工医疗科技有限公司

唐　睿　山东药品食品职业学院

熊秋菊　山东药品食品职业学院

前言
PREFACE

教材是行业与课堂连接的纽带，是职业教育教学改革的载体，是教学内容和课程体系改革的集中体现，也是课程建设的重点。2019 年 1 月，国务院发布的《国家职业教育改革实施方案》指出，建设一大批校企“双元”合作开发的国家规划教材，倡导使用新型活页式、工作手册式教材并配套开发信息化资源。新型活页式教材建设由此成了“三教”改革的重点与热点之一。此后，在《职业教育提质培优行动计划（2020—2023 年）》中也提到：推行图文并茂、形式多样的活页式、工作手册式、融媒体教材。《“十四五”职业教育规划教材建设实施方案》中强调，教材建设要落实职业教育课程思政要求，服务国家发展战略。由此可见，职业教育的发展必须重视和完善教材建设。

近几年，医疗器械行业发展迅速，行业对新技术、新方法、新工艺有更高的要求。医用检验仪器在临床中对疾病的诊断、治疗有着重要的作用，是医疗器械领域重点发展方向之一。对于从事医用检验仪器相关工作的人员来说，掌握其原理、结构、临床应用、安装及保养维护等知识内容至关重要。因此，为满足行业发展、岗位能力需求编写了融合数字资源的《医用检验仪器原理与维护》新形态活页式工作手册教材。

本教材由高职高专院校医疗器械类专业一线教师和医疗器械行业与企业专家、一线工程师共同参与编写工作，编写内容符合行业、企业岗位需求，并能满足学习者学习需求。本教材充分收集编写教学案例，围绕“以学生为中心”的育人理念，选取与岗位工作息息相关的内容作为实训素材，通过案例分析提出问题，学习完成任务所需要的知识和技能，制定工作方案并进行自评、互评和师评，强化学生应用能力。本教材以纸质教材为核心，搭配数字化资源，有效促使教材与课程资源快速迭代更新。教材建设以岗位能力培养为目标、全面素质为基础、职业能力为本位，涵盖岗、赛、证所需知识与技能，遵循学习者学习认知规律，开发构建模块化教材学习任务，坚持校企“双元”合作开发，凸显教材职业能力，充分利用现代教育信息技术，突出教材灵活功能。建立校企深度合作共赢的教材开发机制，充分发挥校企双方自身优势，形成教材建设全过程的校企协作机制，实现教材与实际岗位需求无缝衔接，服务行业人才成长和发展。本教材始终将立德树人的根本任务贯穿教材建设全过程，将模块化教学项目与课程思政案例深度融合，以职业岗位素养为抓手，建设教材配套立体化思政教学资源，设计小组分享、小组讨论等思政教学案例，形成教材个性化记录，实现学生对思政教学的沉浸式体验，形成具有特色的课程思政体系。教材依托数字技术，利用数字平台建设与教学内容相配套的数字化资源，可以二维码链接的形式向读者提供微课、动画、PPT 等多种形式数字资源，形成复合式教材配套资源包。

本教材是基于校企合作共同体模式下深度产教融合的产物，通过校内外组建教材编写团队分析行业、职业人才需求，以专业人才培养方案和岗位员工培养目标为引领，根据不同生源需求，明确教材建设目标。通过搜集典型工作案例，设计开发典型工作任务，纳入行业、企业新技术、新内容，整合职业技能大赛考核知识点、1+X 证书考核知识点，形成教材分层次模块化内容。

本教材由曲怡蓉、刘冰担任主编，具体编写分工如下：项目 1 由曲怡蓉编写；项目 2 由刘冰、王海平编写；项目 3 由齐丹丹、徐建彤编写；项目 4 由李伟、杨磊编写；项目 5 由张洪运、吴翠杨编写；项目 6 由江洋、宫在科编写；项目 7 由唐睿、刘威编写；项目 8 由刘冰、熊秋菊编写。全书由主编、副主编进行修改，由曲怡蓉统稿、定稿。

本教材在编写过程中，得到了所有编者及所在院校、企业的大力支持。特别是在典型工作任务建设中得到了山东威高集团、上海名迈教育科技有限公司、威海威仕泰医疗科技有限公司、山东医工医疗科技有限公司等单位的大力帮助并提供了企业的实践案例，在此谨向这些单位和个人表示由衷的感谢。由于编者的学识水平和实际经验所限，书中若有不妥之处，恳请读者和同行提出宝贵意见，便于今后改正，不胜感谢！

编者

2024 年 4 月

目录
CONTENTS

二维码目录

项目1

医用检验仪器基础认知

项目导读

医用检验仪器是医学检验必不可少的检验工具，为临床医生对疾病的诊断、治疗以及预后判断提供了有力依据。本项目主要介绍医用检验仪器及其维护相关的基础知识和基本技能，为学好本课程奠定基础。

项目学习目标

素养目标	知识目标	能力目标
1.培养学生创新精神，激发学生科技兴国的家国情怀和使命担当； 2.培养学生敬畏生命、尊重生命、热爱科学的道德素养； 3.培养学生善于思考、细致严谨的工作态度。	1.掌握医用检验仪器的分类及临床应用； 2.熟悉医学检验的概念及临床检验服务范围； 3.了解实验室自动化系统和现代医用检验仪器的进展。	1.能够阐述医用检验仪器的重要作用； 2.能够选择正确的工具对电子元器件进行检测。

情景引入

医用检验仪器是集光、机、电于一体的仪器，随着仪器的自动化程度不断提高，仪器的结构也变得特别复杂，因此，医用检验仪器的维护工作也变得越来越复杂，对医疗器械工程师的技术水平提出了更高的要求。所以，我们要不断学习仪器的相关理论知识，不断地进行实践操作，才能掌握其相关技术。

问题思考：

请列举出5个常见医用检验仪器，并分析它们的结构共同特点是什么？

记一记

任务 1.1 医用检验仪器的认知

1.1.1 任务描述

随着医院患者不断增多，检验项目也随之剧增，劳动强度也加大。为此，国内外医学与工程学学者进行了大量的探索，认为用机械模仿人工实验操作过程是较好的解决方案，于是产生了医用检验仪器。随着信息技术及物联网技术的发展，数字化的医学实验室信息系统也应运而生，实现信息输入、输出自动化。现代医学实验室为医学检验提供了技术平台，开发出新的实验项目和实验技术，同时对实验技术不断改进。

1.1.2 任务学习目标

素养目标	知识目标	技能目标
培养学生树立专业自信和创新意识，坚定“人民至上、生命至上”的责任精神。	1. 掌握医用检验仪器的分类及临床应用； 2. 熟悉医学检验的概念及其临床检验服务范围。	能够阐述医用检验仪器的重要作用。

1.1.3 任务准备

1.1.3.1 医学检验知识概述

检验医学（laboratory medicine）又称实验室医学，它是一门涉及范围广泛、融合多个专业的交叉性学科，是指在实验室内对人体的各种送检材料通过化学、物理和（或）分子生物学等方法进行定性或定量检测分析的学科。其研究范围包括血液学实验、体液学实验、生物化学实验、免疫学实验、微生物学实验、遗传学实验和分子生物学实验等亚专业或学科。

随着基础医学的深入研究以及新的科学技术和计算机在实验方法学中的应用，医用检验仪器得到飞速发展并逐步在临床实验室得到普及。随着各种新技术在医用检验仪器研发中的逐步运用，检验仪器不断地朝着数字化、自动化、智能化、网络化、标准化、微型化方向发展，设计理念注重人性化、低成本和环保。仪器设计更加人性化，从送入标本、条码输入到完成检测、数据存储输出、连接网络，由原先使用人工完成的工作过程完全由仪器一次完成。使用真空采血针和装备自动化检测仪器可以减少污染等，极大地促进了医学检验技术的发展。

1.1.3.2 医用检验仪器的发展

医用检验仪器源于 15 世纪放大镜的出现，随着人类对光谱的认识逐步加深，19 世纪列文虎克（如图 1-1）发明了显微镜（如图 1-2），标志着细胞研究时代的到来。后又开始对生物分子水平进行研究，并很快用于临床疾病的诊断。显微镜的出现为临床医学实验的建立奠定了基础，并逐步形成了包括现代医学检验仪器在内的医学检验仪器学。

图1-1　列文虎克

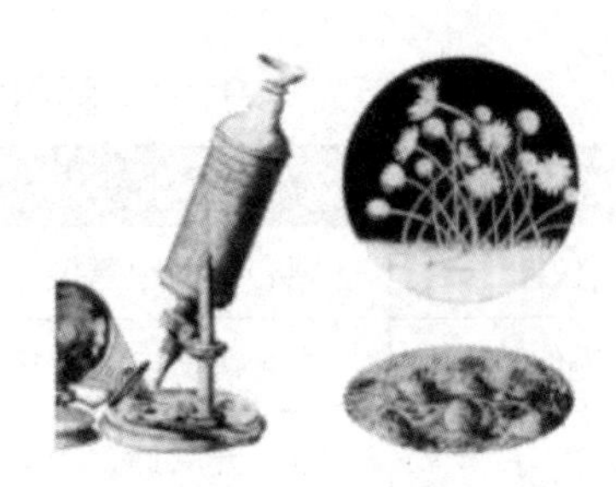

图1-2　早期显微镜

显微镜发明后随即用于生物细胞微观有形成分的诊断，并逐步发展到用于人体各系统细胞成分的检查，在此基础上对血液化学成分的分析也逐步得到发展和改进。瑞典化学家蒂塞利乌斯（A.W.K.Tiselius）于 1937 年首先运用界面电泳（又称自由电泳）方法分离蛋白质，主要是用于研究，特别是测定迁移率以及研究蛋白质组分之间的相互作用。在此基础上，其他各种类型的电泳仪也先后问世。

20 世纪 50 年代初，美国的库尔特（Coulter）兄弟应用电阻抗原理首次制造出了最早的血液分析仪，它能计数血液中的红细胞和白细胞，此举突破了手工显微镜血细胞计数的模式，开创了血液分析仪的新时代。20 世纪 70 年代末至 80 年代，白细胞二分类仪、三分类仪和五分类仪先后试制成功。

20 世纪 50 年代斯盖思（Skeggs）发明了连续流动式分析技术，并制成单通道连续流动式临床自动生化分析仪；60 年代开发了单通道和多通道顺序式自动生化分析仪；70 年代先后出现了美国杜邦（Dupont）公司的自动临床生化分析仪以及不同厂家生产的各种类型的离心式自动生化分析仪；80 年代采用离子选择电极从根本上改变了电解质测定方法；90 年代初采用包括固相酶、离子特异电极和多层膜片的“干化学”试剂系统，开创了即时实验（床边实验）仪器开发的新局面，为重症监护室、诊所医师和患者自测创造了条件。

1959 年美国学者伯森（Berson）和耶洛（Yalow）在研究胰岛素免疫特性时，用 131 I 标记胰岛素作示踪，用抗体作结合剂，首次建立了血浆微量胰岛素的测定法，命名为放射免疫分析（radio immunoassay，RIA）。20 世纪 70 年代建立了各种免疫荧光测定法（immunofluorescence assay，IFA）。近年来酶免疫测定（enzyme immunoassay，EIA）和免疫荧光技术获得了广泛应用。

血培养检测系统包括一个培养系统和一个检测系统。20 世纪 70 年代，微生物学家和工程技术人员采用了物理和化学的分析方法，根据细菌不同的生物学性状和代谢产物的差异，逐步发展了微量快速培养基和微量生化反应系统，并在此基础上，将恒温孵育箱辅以读数仪和计算机分析，由此便形成半自动化或自动化微生物鉴定系统。

1983 年美国 Cetus 公司凯利 • 穆利斯（Kary B Mullis）发明了聚合酶链反应（polymerase chain reaction，PCR），又称特异性 DNA 序列体外定向酶促扩增法。此后，核酸序列测定进入了一个新的阶段，各种核酸序列测定仪纷纷出现。

1.1.3.3 医用检验仪器的分类

医用检验仪器主要可以分为分离分析仪器、形态学检测仪器、化学分析仪器、免疫标记分析仪器、血液流变分析仪器、微生物检测仪器、基因分析仪器及其他医学检验仪器，如表 1-1 所示。

表1-1 医用检验仪器的分类

医用检验仪器种类	医用检验仪器名称
分离分析仪器	离心机、色谱仪、电泳仪
形态学检测仪器	显微镜、血液分析仪、流式细胞仪
化学分析仪器	分光光度计、自动生化分析仪、电解质分析仪、尿液分析仪、血气分析仪、干化学分析仪、即时实验仪
免疫标记分析仪器	酶免疫测定仪、放射免疫测定仪、免疫荧光测定仪、化学发光免疫分析仪
血液流变分析仪器	血液流变分析仪、血凝固分析仪、红细胞沉降率测定仪
微生物检测仪器	血培养检测系统、微生物鉴定和药敏分析系统、厌氧培养系统
基因分析仪器	聚合酶链反应核酸扩增仪、连接酶链反应核酸扩增仪、核酸定量杂交技术和相关仪器、DNA序列测定仪、核酸合成仪、生物分子图像分析系统、生物芯片和相关仪器
其他医学检验仪器	质谱分析仪、血型鉴定仪

1.1.4 思政小课堂

国产器械崛起，进口替代及国际化是重要发展方向

纵观全球医疗器械市场发展状况，习惯性将医疗器械按产品特性分为医疗设备、体外诊断、高值耗材、低值耗材等四大类。每个大类中又包含多个二级子分类，如体外诊断又可分为生化诊断、免疫诊断、分子诊断、即时检验（point-of-care testing，POCT）、微生物检测、血液及体液检测等。医用检验仪器在医院内应用科室主要为检验科，院外有第三方医检所，部分诊断设备通过小型化、智能化改造，个人用户端（C 端）用量近几年也在增加，例如血压计、血糖仪等。

近几年国内医疗器械产业全球市场占比逐年提升。随着医疗器械产品渗透率提升，国内医疗器械产业占比呈逐年提升趋势。近年来随着产品结构调整，器械市场呈现高速增长态势。国内医疗器械市场仍呈现高增长态势，主要源于国内鼓励创新政策，对医疗器械研发、技术转移、上市推广都起到了极大促进作用。相较于药品，医疗器械产品研发周期短、上市快，企业研发布局相对灵活。

1.1.5　任务实施

请仔细阅读【任务准备】回答下列问题。

1. 医学检验的范围包括哪些？

____

____

____

2. 概述医用检验仪器对医学检验的作用。

____

____

____

3. 概述现代医学检验仪器的发展特点。

____

____

____

4. 概述医学检验仪器发展历程及意义。

____

____

____

1.1.6　任务评价

小组内部进行自评，其他小组进行互评，然后由老师进行点评，评价结果写在下面文本框内。

评价意见

小组内部意见

其他小组意见

教师点评

任务 1.2 医用检验仪器的维护

1.2.1 任务描述

任何医用检验仪器，无论其设计如何先进、完善，在使用过程中都避免不了因各种原因，产生这样或那样的故障。为保证仪器的正常工作，对仪器进行正常维护和及时修理是非常重要的。

1.2.2 任务学习目标

素养目标	知识目标	技能目标
1.培养学生敬畏生命、尊重生命、热爱科学的道德素养； 2.培养学生善于思考、细致严谨的工作态度。	1.掌握医用检验仪器的常规性维护工作内容； 2.熟悉医用检验仪器维护所需要的基本知识与技能。	能够对医用检验仪器进行常规性维护和特殊性维护。

1.2.3 任务准备

1.2.3.1 医用检验仪器的特点

医用检验仪器的特点如下：

① 结构较复杂　医用检验仪器多是集光、机、电于一体的仪器，使用器件种类繁多。

② 涉及技术领域广　常涉及光学、机械、电子、计算机、材料、传感器、生物化学、放射等技术领域，是多学科技术相互渗透和结合的产物。

③ 技术要求先进　涵盖电子技术、计算机、新材料、新器件应用等。

④ 精度高　医用检验仪器是用来测量某些物质的存在、组成、结构及特性的，并给出定性或定量的分析结果，所以要求精度非常高，多属于精密仪器。

⑤ 使用环境条件要求高　医用检验仪器具有以上特点以及其中某些关键器件具有特殊性质，由此决定仪器对于使用环境条件要求很高。

1.2.3.2 仪器维护的基础知识

通常维护医用检验仪器应具有以下几个方面的基础知识：

① 掌握仪器的基本结构及其工作原理　掌握整机总体方框图各部分的作用，掌握仪器的安装和拆卸方法；熟悉仪器信号的流程，熟悉整个系统的电源控制流程，尤其特别重视系统的方框原理图。只有这样，才能由外及里、由普通到复杂逐步掌握整个系统

的结构并做好维护工作。

② 掌握微机控制技术 先进的医疗仪器设备是高科技的结晶，现今几乎所有的医疗仪器设备均为单片机或微型机所控制。微处理器系统内置的维护与服务程序可以完成大部分硬件（如泵、电磁阀、各种传感器）的检测，仪器的各种工作电压、温度、压力值、模/数（A/D）转换值、触摸屏等均可通过仪器内置的服务程序来进行调整。因此，需要熟悉并掌握这些程序的使用，掌握电脑的硬件和软件的安装以及计算机网络技术。

③ 掌握电路基础知识 医用检验仪器设备中大多采用集成电路，应用了微处理器和模拟、数字电路。例如，维修中遇见的开关电源电路是典型的模拟电路。大多数维修的过程中没有电路图纸，但此时如果能熟悉开关电源的原理，这些看起来复杂的故障就容易被排除。应掌握如晶体管放大电路、有源滤波器、电压比较器、检波电路、运算放大器电路、限幅电路、函数发生器、可控硅及触发电路、基本逻辑单元电路、译码电路、LED 和 LCD 数显译码电路、接口电路、A/D 和 D/A 转换电路、计数和分频电路等电路的工作原理及电路的基本知识。

④ 掌握医疗器械专业英语 对于一些大型进口的医用检验仪器设备，操作界面以及操作手册和维修手册大多是英文版。因此，能够读懂各种医用检验仪器设备的操作手册和维修手册，是维修医用检验仪器的重要基础。

1.2.3.3 仪器维护基本技能

医用检验仪器维护所需的基本技能如下：

① 掌握各种电子元器件的测量技术 医用检验仪器中采用各种类型的电阻、电容、电感、晶体管、集成电路、光电器件、继电器、电机、泵、电磁阀、传感器、电极、微处理器、显示器和光学器件等元器件，掌握其工作原理，会更加有益于分析故障原因。维修各种医用检验仪器，必须熟练掌握这些元器件的性能和测试方法，能熟练使用测试设备对整机性能进行测试。

② 掌握各种医用检验仪器的维修方法和检修步骤 为了查找仪器故障，可以用不同的方法，采用不同的检查程序，以尽快找出故障的根本原因。实际检修时，维修工程师的工作经验、学识水平和灵活采用检查方法的能力等，将起决定性的作用。该项能力的提高离不开实践，应在实际工作中仔细观察，认真分析，不断总结经验。在平时的维修实践中，掌握各种医疗仪器的维修方法和检修步骤是维修仪器设备的必备手段。通常采用直观检查法、电压测量法、电阻测量法、电流测量法、分割法、信号注入法、仪器检测法、模拟检测法、对比检测法、元器件替换法、元器件加热冷却法、元器件点焊清洁法等。

③ 掌握电路焊接技能和安装调试技术 由于医用检验仪器应用了超大规模集成电路，贴片元器件也广泛地应用于电路中，因此要求维修人员必须熟练掌握电路焊接技能，能根据不同焊接对象灵活使用焊接工具和焊接方法，保证既不损坏元器件，又使焊点焊牢、光滑，不出现虚焊。通常，各种医用检验仪器是由电路、液路、光路、机械传动、电脑控制组成的，仪器设备特别复杂，维修难度特别大。因此，掌握安装调试技术是维修各种医用检验仪器最重要的环节。

④ 掌握医用检验仪器的基本操作　医用检验仪器常包括精密机械、电子、微机、各种传感器等。所以，除了要懂得所维修仪器设备的基本原理以外，还应掌握光学与精密机械零部件的安装、拆卸与清洗、加油、调整等基本操作技能。另外，对仪器的整机使用、操作以及一些注意事项也应掌握，以免造成人为故障。

⑤ 应具有一定的维修安全知识　维修安全包括两个方面：一是指维修人员自身安全，要有良好的操作习惯和防电击等安全措施；二是指仪器设备的安全，维修仪器最基本的要求之一是要保证不进一步损坏器件或扩大故障范围。

⑥ 要求有良好的观察、实际制作、分析与记录和总结能力　在维修时，需要敏锐的观察能力，还要记录和总结，维修人员不要把查到某个故障作为最后目标，而应从维修过程中总结经验，开拓思路，以达到触类旁通、举一反三的效果，不断提高维修技术能力。

1.2.3.4　常规性维护工作措施

仪器维护的目的是减少或避免偶然性故障的发生，延缓必然性故障的发生，并确保其性能的稳定性和可靠性。

常规性维护工作所包括的是一些共性的、几乎所有仪器都需注意的问题，主要有以下几点：

① 仪器的接地　接地对仪器的性能、可靠性以及使用者的人身安全都有很大影响，对于医用检验仪器接地问题尤为重要，有时由于地线接触不良带来了很多故障现象，因此仪器必须接可靠的地线。

② 电源电压　由于市电电压波动比较大，常常超出要求的范围，为确保供电电源的稳定，必须配用交流稳压电源。要求高的仪器最好单独配备稳压电源和不间断电源（UPS）。在仪器设备安装、调试和维修过程中应特别注意，插头中的电线连接应良好，使用时不可插错插孔位置以免导致仪器损坏。另外，所有仪器在关机时，要关闭总机电源，并拔下电源插头，以确保安全。

③ 仪器工作环境　环境对精密检测仪器的性能、可靠性、测量结果和寿命都有很大影响，因此对它有以下几方面的要求：

a. 防尘：医用检验仪器中光路部分的各种光学器件和电路部分的各种电子元器件、接插件、电路板等以及机械传动部分的各种机械传动装置，应经常保持清洁。对于光学器件，由于其精度很高，因此在做清洁之前需仔细阅读仪器的维护说明，不宜草率行事，以免擦伤、损坏其光学表面。

b. 防潮：仪器中的光学元件、电子元件等受潮后，易霉变、损坏，各种接插件容易氧化接触不良，因此定期用无水乙醇对仪器进行处理，及时更换干燥剂。长期不用时应定期开机通电以驱赶潮气，达到防潮目的。

c. 防热：医用检验仪器一般都要求工作和存放环境要有适宜的、波动较小的温度，因此一般都配置温度调节器（空调），通常温度以保持在 20 ～ 25℃最为合适。另外，还要求远离热源并避免阳光直接照射。

d. 防震：震动不仅会影响医用检验仪器的性能和测量结果，还会造成某些精密元件损坏。因此，要求将仪器安放在远离震源的水泥工作台或减震台上。

e. 防蚀：在仪器的使用过程中及存放时，应避免接触有酸碱等腐蚀性气体和液体的环境，以免各种元件受侵蚀而损坏。

④ 仪器定期保养　各种医用检验仪器必须按照仪器的要求做好日常保养、周保养、月保养、年保养等工作，它是医用检验仪器能否正常工作的重要保证。

1.2.3.5　特殊性维护工作措施

特殊性维护是针对有特殊要求的仪器所采取的一系列维护措施，主要包括：

① 避光　对光电转换元件，如光电源、光电管、光电倍增管等，在存放和工作时均应避光。因为它们受强光照射易老化，使用寿命缩短，灵敏度降低，情况严重时甚至会损坏这些元件。

② 防止受污染　检验仪器在使用及存放过程中应防止受污染。如有酸碱的环境将会影响测量结果；做多样品测量时，试样容器每次使用后均应立即冲洗干净。另外，杂散磁场对电流的影响也是一种污染。

③ 保持电池电压　如果仪器中有定标电池，最好每6个月检查一次，如电压不符合要求则予以更换，否则会影响测量准确度。

④ 冲洗和清洁电极　各种测量膜电极使用时要经常冲洗，并定期进行清洁。长期不使用时，应将电极取下浸泡保存，以防止电极干裂、性能变差。

⑤ 检流计的防震　检流计在仪器中作为检测指示器使用的较多，但它极怕受震，因而每次使用完毕后，尤其是在仪器搬动过程中，应使其呈断路状态。

⑥ 清洁和润滑装置　仪器中机械传动装置的活动摩擦面间应定期清洗，加润滑油，以减轻磨损或减小阻力。

⑦ 检查和校正　检测仪器一般都是定量检测仪器，其精度应有所保证，因此需定期按有关规定进行检查、校准。同样，在仪器经过维修后，也应先进行质控检测方可重新使用。

1.2.4　思政小课堂

结合本次任务，谈谈如何成为一名合格的医用检验仪器维护工程师？

____

____

____

1.2.5 任务实施

实训任务单

小组合作，在医学检验实验室找出以下仪器并分析其需要维护内容。

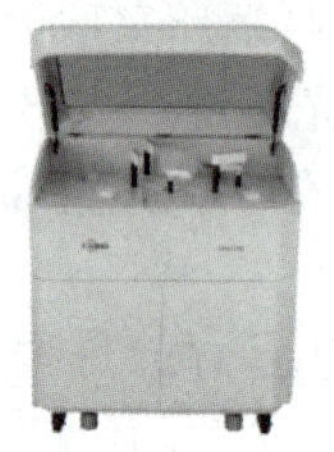

1.2.6　任务评价

小组内部进行自评，其他小组进行互评，然后由老师进行点评，评价结果写在下面文本框内。

评价意见

小组内部意见

其他小组意见

教师点评

项目巩固

医学检验仪器是医疗器械的典型代表，是用于疾病预防、诊断和研究，以及进行药物分析的现代化实验室仪器。它融合了多学科技术，通过光学、机械、电子、计算机、材料、传感器、生物化学、放射等高精尖技术的相互渗透来获得正常人体以及疾病在发生、发展过程的各种信息，并始终能跟踪各相关学科的前沿而得到极大的发展。了解医用检验仪器的基础知识为学习各仪器临床应用、原理、结构、安装、维护保养奠定基础。

学习笔记

项目学习成果评价

请根据下表要求对本活动中的工作和学习情况进行打分。

<table>
<tr><th>项目</th><th colspan="2">项目要求</th><th>配分</th><th>评分细则</th><th>得分</th></tr>
<tr><td rowspan="8">职业素养（20）</td><td rowspan="4">纪律情况（5）</td><td>按时到岗，不早退</td><td>1</td><td>违反规定，每次扣1分</td><td></td></tr>
<tr><td>积极思考，回答问题</td><td>2</td><td>根据上课统计情况得0～2分</td><td></td></tr>
<tr><td>三有（有工作页、笔、书）</td><td>1</td><td>违反规定每项扣0.3分</td><td></td></tr>
<tr><td>完成任务情况</td><td>1</td><td>根据完成任务进度扣0～1分</td><td></td></tr>
<tr><td rowspan="3">职业道德（10）</td><td>能与他人合作</td><td>3</td><td>不符合要求不得分</td><td></td></tr>
<tr><td>主动帮助同学</td><td>3</td><td>能主动帮助他人得3分</td><td></td></tr>
<tr><td>认真、仔细、有责任心</td><td>4</td><td>对工作精益求精且效果明显得4分，对工作认真得3分，其余不得分</td><td></td></tr>
<tr><td colspan="2">卫生意识（5）</td><td>5</td><td>保持良好卫生，地面、桌面整洁得5分，否则不得分</td><td></td></tr>
<tr><td rowspan="3">职业能力（60）</td><td>识读任务书（10）</td><td>案例认知</td><td>10</td><td>能全部掌握得10分，部分掌握得5～8分，不清楚不得分</td><td></td></tr>
<tr><td>资料收集（20）</td><td>收集、查阅、检索能力</td><td>20</td><td>资料查找正确得20分，不完整得13～18分，不正确不得分</td><td></td></tr>
<tr><td>任务分析（30）</td><td>语言表达能力、沟通能力、分析能力、团队协作能力</td><td>30</td><td>语言表达准确且具有针对性。分析全面正确得30分，不完整得10～28分</td><td></td></tr>
<tr><td rowspan="4">工作页完成情况（20）</td><td rowspan="4">按时完成工作页</td><td>按时提交</td><td>5</td><td>按时提交得5分，迟交不得分</td><td></td></tr>
<tr><td>内容完成程度</td><td>5</td><td>按完成情况分别得1～5分</td><td></td></tr>
<tr><td>回答准确率</td><td>5</td><td>视准确率情况分别得1～5分</td><td></td></tr>
<tr><td>有独到见解</td><td>5</td><td>视见解程度分别得1～5分</td><td></td></tr>
<tr><td colspan="5">总分</td><td></td></tr>
</table>

学生总结：

项目2
分离分析检验仪器

项目导读

分离分析检验仪器在临床检验样品分离分析过程中发挥着重要作用，主要包括离心机、电泳仪和色谱仪。本项目主要介绍临床常用分离分析检验仪器即离心机和电泳仪的相关知识、操作流程及保养维护内容，为今后从事相关产品应用、销售及售后奠定基础。

项目学习目标

素养目标	知识目标	能力目标
1.培养学生团队协作能力； 2.提高学生沟通能力和建立良好人际关系的能力； 3.树立安全操作规范意识。	1.掌握离心机和电泳仪的工作原理； 2.掌握离心机和电泳仪的主要结构。	1.能够安装仪器； 2.能够完成仪器日常维护工作； 3.能够分析离心机和电泳仪典型故障原因并处理。

情境引入

血液是流动在心脏和血管内的不透明红色液体，主要成分为血浆、血细胞。血液中含有各种营养成分，如无机盐、氧、代谢产物、激素、酶和抗体等，血液有运输营养组织和氧气、调节器官活动和防御有害物质的作用。人体各器官的生理和病理变化，往往会引起血液成分的改变，故患病后常常要通过验血来诊断疾病。为保证检测指标的准确性，一般在物质分析之前，将血液成分分离检测。

问题思考：

1. 常见的临床分离技术所用的仪器有哪些？
2. 上述仪器的作用分别是什么？

记一记

任务 2.1 离心机和电泳仪基础知识认知

2.1.1 任务描述

在医学检验中，离心机是常作为分离血清和血浆、沉淀蛋白质或作尿沉渣分离的仪器设备，利用离心机可使混合液中的悬浮微粒快速沉淀，借以分离相对密度不同的各种物质的成分。而电泳仪则为体液中蛋白质、多肽、氨基酸、同工酶等进行分离检测提供了新的手段。

某医院检验科购置了一批离心机、电泳仪，作为一名工程师请对医生进行产品介绍、培训。

2.1.2 任务学习目标

素养目标	知识目标	能力目标
1. 培养学生团队协作能力和建立良好的人际关系能力； 2. 提高学生沟通能力。	1. 掌握离心机和电泳仪的工作原理； 2. 熟悉离心机和电泳仪的主要结构及作用。	能够准确表述离心机和电泳仪的临床应用及发展概况。

2.1.3 任务准备

2.1.3.1 离心机

医用离心机在医学研究和医院检测方面应用广泛，目前应用比较多的离心机有高速离心机、血液离心机、血型卡离心机、尿沉渣离心机、毛细管离心机、细胞离心机、生物制药离心机、凝胶气泡处理离心机等，种类繁多，功能也不尽相同。

2.1.3.1.1 医用离心机的发展

经过近百年的发展，离心机的构造和离心方法不断改进，使离心机的转速由几十转每分钟发展到几十万转每分钟，驱动系统寿命从 10 亿转提高到 200 亿转，机体外型向美观、实用、小型化发展，如图 2-1、图 2-2 所示。

19 世纪末离心机主要以低速电动形式存在。到 20 世纪 20 年代出现了超速离心机、油透平式离心机。1933 年又推出了空气透平式离心机，它以压缩空气推动涡轮，再带动离心机旋转。1955 年出现了风动离心机。20 世纪 70 年代以后，出现了变频电机，它由电源频率控制，变频电机以体积小、噪声低、寿命长、转速高、可直接放入离心腔中等特点很快被应用。80 年代又将变频电机和微型计算机相结合，使离心机的转速和性能都有了较大的提高。

图2-1　800型离心沉淀器

图2-2　小型高转速离心机

2.1.3.1.2　医用离心机的分类

① 按结构分类　分为台式医用离心机和立式医用离心机（落地式医用离心机）。

② 按容量分类　分为微量医用离心机、小容量医用离心机和大容量医用离心机。

③ 按规模分类　分为微型医用离心机、小型医用离心机和大型医用离心机。

④ 按温控分类　分为冷冻医用离心机（低温医用离心机）和常温医用离心机。

⑤ 按离心方法分类　分为制备型医用离心机和分析型医用离心机。

⑥ 按转速分类　分为低速医用离心机、高速医用离心机和超高速医用离心机。低速医用离心机一般指转速小于 10000r/min 的医用离心机，高速医用离心机一般指转速在 10000 ～ 30000r/min 的医用离心机，超高速医用离心机一般指转速大于 30000r/min 的医用离心机。

⑦ 按转子类型分类　分为水平转头式医用离心机、吊桶式医用离心机、固定角转头式医用离心机、角转头式医用离心机。

2.1.3.1.3　离心机的基本原理

离心是利用旋转运动的离心力以及物质的沉降系数或浮力密度的差异进行分离、浓缩和提纯生物样品的一种方法，原理如图 2-3 所示。其原理为：一是液体中的微粒在重力场中的沉降；二是液体中的微粒在离心力场中的分离，如图 2-4 所示。

常见的离心分离方法主要有差速离心法、密度梯度离心法和连续监测离心分析法。

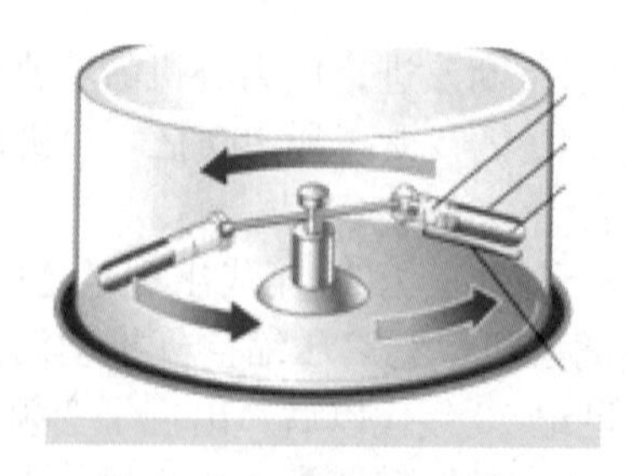
图2-3　内部离心原理

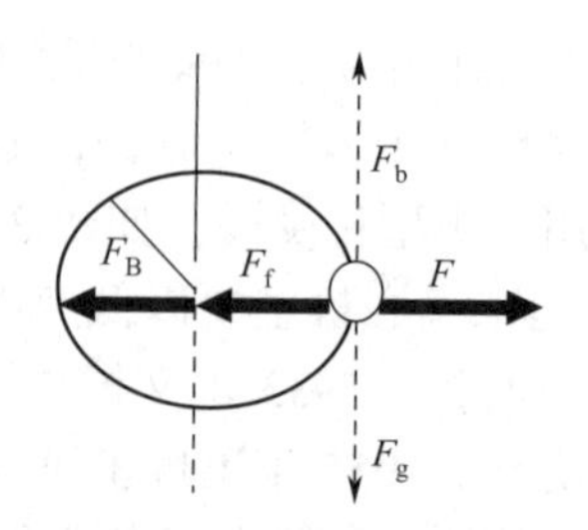

图2-4　离心沉降的原理

F—离心力；F_B—浮力；F_f—摩擦阻力；F_g—重力；F_b—由重力引起的浮力

（1）差速离心法

又称离心力差分离法，是利用样品中各组分沉降系数的差异对不同的微粒施以不同的离心力，不同的微粒将依次沉降（大粒径的微粒质量较大，沉降速度快；小粒径的微粒相对沉降较慢），从而实现离心分离，如图 2-5 所示。

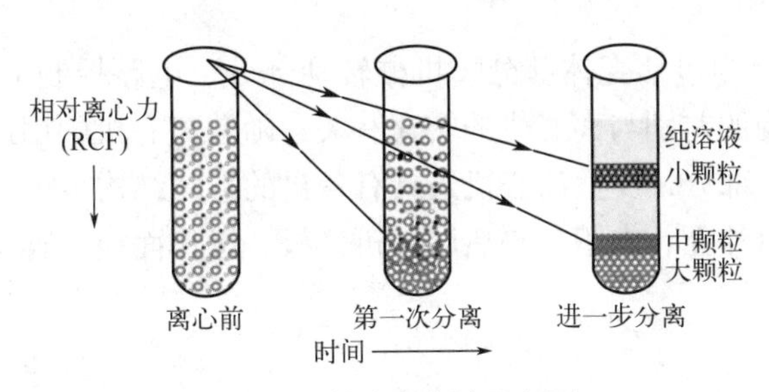

图2-5 差速离心法示意图

（2）密度梯度离心法

又称区带离心法，分为速率区带离心和等密度区带离心。

速率区带离心也称为等区密度离心，是指当不同的颗粒间存在沉降速度差时，在一定的离心力作用下，颗粒各自以一定的速度沉降，在密度梯度介质的不同区域上形成区带，如图 2-6 所示。

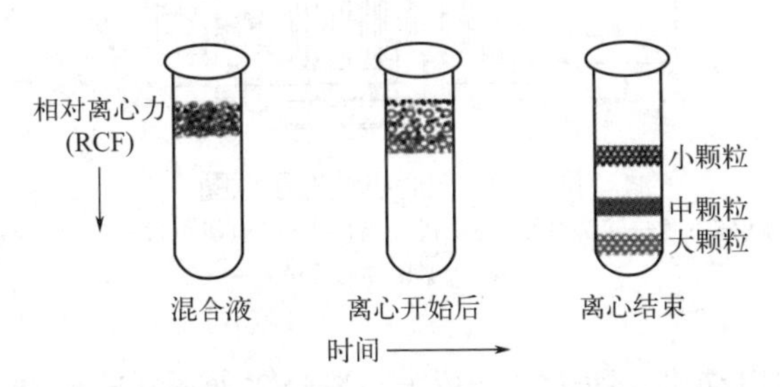

图2-6 速率区带离心示意图

等密度区带离心也称为平衡密度梯度离心，是根据需要分离样品中各组分的密度不同进行分离的，使密度梯度液柱的范围所表现的密度同待分离颗粒的密度大致相等。离心时样品中各组分颗粒将按其密度大小分别移至与液柱密度相同的地方形成区带，如图 2-7 所示。

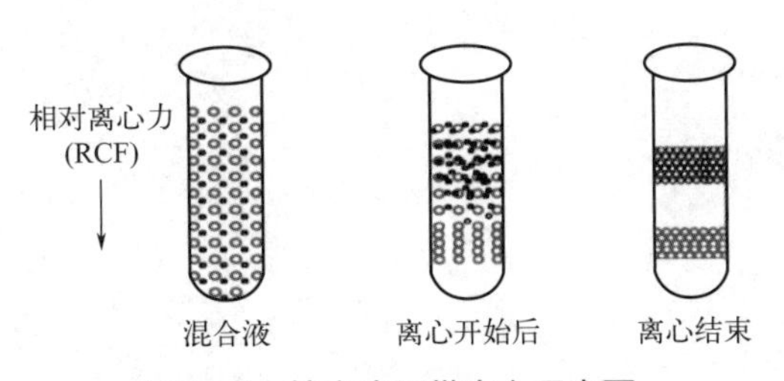

图2-7 等密度区带离心示意图

（3）连续监测离心分析法

连续监测离心分析法需配置特殊设计的转头和检测系统，即在离心机上装备光学系统，通过样品对紫外光、红外光的吸收密度不同，直接在离心过程中形成图形，以连续监测样品的离心过程，再对图形加以分辨，做定量和定性分析，得出对样品颗粒沉降的结果。

2.1.3.1.4 离心机的基本组成和结构

离心机的基本结构包括壳体部分、机械转动部分、电路控制部分，如图 2-8 所示。不同类型离心机结构的差别与离心机的转速有关，随着离心机的用途和转速的变化，增加了制冷部分和真空部分，少数离心机还具有各自的特殊结构。

壳体部分主要由外壳、内胆、隔热层、机盖板、操作面板、脚轮与支脚和隔板等组成，如图 2-8 所示。

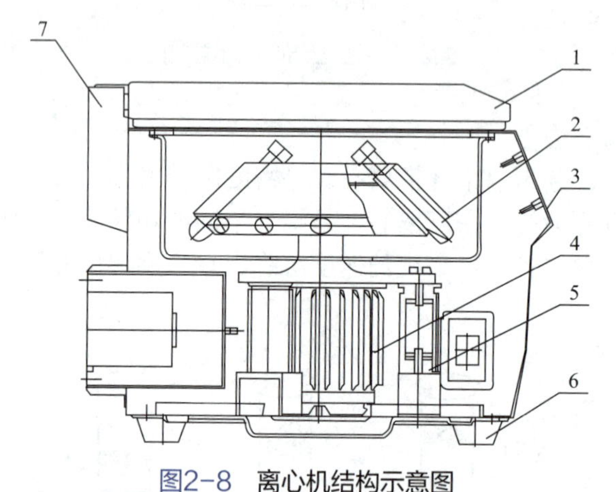

图2-8 离心机结构示意图

1—门盖组件；2—转头系统；3—机壳组件；4—电机组件；5—减震系统；6—垫脚；7—铰链

机械转动部分由电动机、转头室、转头、离心管等零部件组成，是离心机的核心部分。被分离物在离心室被分离。

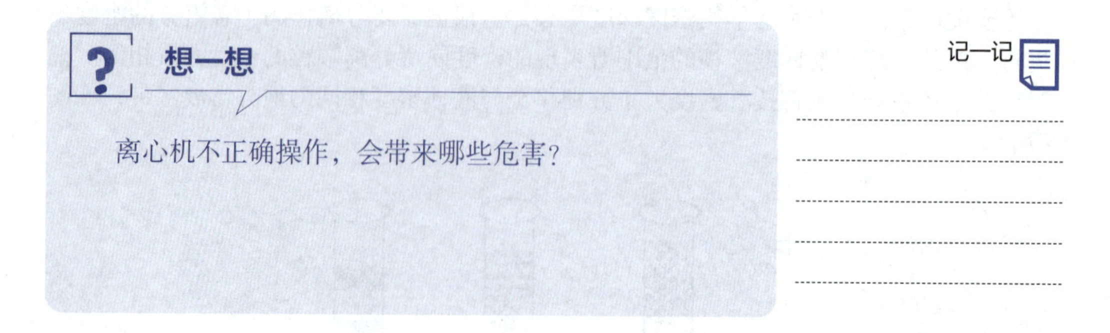

2.1.3.2 电泳仪

2.1.3.2.1 电泳仪的发展

1937 年，瑞典乌普萨拉大学的科学家赛利乌斯（A.Tiselius）首先利用 U 型管建立了移界电泳法即区带电泳，成功将血清蛋白质分成清蛋白、α1 球蛋白、α2 球蛋白、β 球蛋白、γ 球蛋白五种主要成分，从而开创了电泳技术的新创元。1946 年赛利乌斯教授研制出了第一台商品化移界电泳系统。20 世纪 50 年代，特别是 1950 年 Durum 用纸电泳进行了各种蛋白质的分离，开创了利用各种固体物质（如各种滤纸、醋酸纤维素薄膜、琼脂凝胶、淀粉凝胶等）作为支持介质的区带电泳方法。80 年代发展起来的新的毛细管电泳技术，是化学和生化分析鉴定技术的重要新发展。90 年代至今，电泳分析仪的最大变化特点为自动化程度日益提高。

2.1.3.2.2　电泳仪的分类

① 全自动荧光 / 可见光双系统电泳仪：只需将样品、试剂和琼脂糖凝胶电泳胶片放好就可以全自动检测；20min 即可完成电泳分析，速度非常快；操作人员可离机完成实验并得到结果。

② 全自动醋纤膜电泳仪：属于全自动电泳仪，有可见光单系统，使用醋酸纤维素薄膜电泳片。优点为自动化程度高，只需将样品、试剂、电泳片放好，人员可离机完成实验并得到结果。

③ 全自动琼脂糖电泳仪：有可见光单系统，使用琼脂糖凝胶电泳胶片。优点为灵敏度高，可适用于低浓度蛋白检验，如尿蛋白、脑脊液蛋白、同工酶的分离。但其自动化程度较差。由于这类电泳仪所能做的项目较多，且灵敏度较高，故仍为许多实验室所接受。

④ 稳压稳流电泳仪：是目前国内中、低压电泳实验中应用最广泛的电泳仪之一，其输出电压的调节范围为 0 ～ 600V、输出电流为 0 ～ 100mA。这种电泳仪工作稳定性好、调节范围宽，并设有完善的短路保护电路和过流保护电路。

⑤ 全自动电泳分析系统：将上述仪器的优点集于一身，自动点样、电泳、呈色（或染色、脱色）、烘干，自动化程度非常高。该系统可用各种电泳片，包括琼脂片、醋酸片、聚丙烯酰胺片等，采用可见光及荧光呈色双系统，是一种较理想的电泳仪。

2.1.3.2.3　电泳仪的基本原理

电泳是指带电荷的溶质或粒子在电场中向着与其本身所带电荷相反的电极移动的现象，如图 2-9 所示。电泳技术（electrophoresis technique）是利用不同的带电粒子在电场中移动速度不同的泳动现象，实现对混合物中各种组分的分离和分析的技术。在一定的 pH 值条件和电场的作用下，带电粒子向与其所带电荷极性相反的方向泳动。不同物质的带电性质、分子大小和颗粒形状不同，在一定的电场中它们的移动方向和移动速度也不同，通过电泳可将它们从混合物中分离出来。

毛细管电泳的基本原理如下。

在高压电场驱动下，缓冲液中的带电粒子在电场作用下，以不同速度沿着毛细管通道向与其所带电荷极性相反的电极方向泳动。待分离的带电粒子在毛细管中的迁移速度等于电渗流和电泳淌度的矢量和。样品中不同组分因所带电荷数、质量、体积以及形状的差异，在毛细管中的迁移速度不同从而被分离出来，如图 2-10 所示。

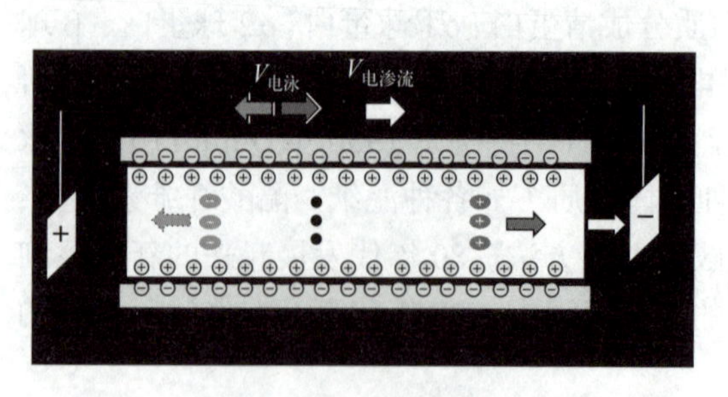

图2-9　电泳示意图

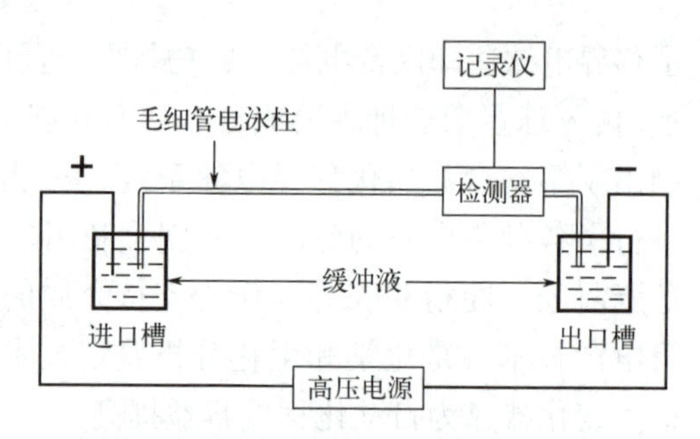

图2-10　毛细管电泳示意图

2.1.3.2.4　电泳仪的基本结构

普通电泳仪由两部分组成：一部分是直流电源装置，另一部分是电泳槽装置，如图2-11所示。高压电泳仪因为功率损耗很大（通常有上千瓦的功耗），除了上述两部分之外，还需要有一个较复杂的冷却装置。

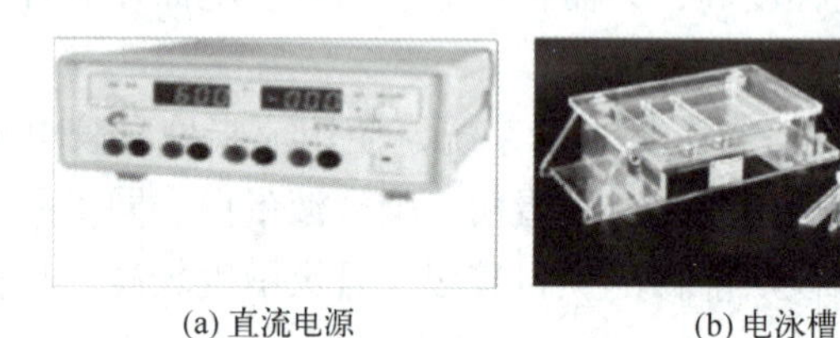
(a) 直流电源　　(b) 电泳槽

图2-11　电泳仪结构

2.1.4　思政小课堂

临床分离分析仪器虽然没有直接对待测样本进行检验，但是它们能够对待测样本进行分离，保障了待测指标的有效检测，因此，分离分析仪器在分析样本的过程中是非常必要的。通过分离分析仪器的作用，同学们得到了哪些启发？学到了哪些精神？

2.1.5　任务实施

请仔细阅读【任务准备】回答下列问题。

1. 常用医用离心机的基本结构是什么？

2. 医用离心机的基本原理是什么？

3. 常用电泳仪的基本结构是什么？

4. 电泳仪的基本原理是什么？

学习笔记

实训任务单

通过所学知识向某医院检验科医生介绍某公司的医用离心机和电泳仪。

2.1.6　任务评价

小组内部进行自评，其他小组进行互评，然后由老师进行点评，评价结果写在下面文本框内。

评价意见

小组内部意见

其他小组意见

教师点评

任务 2.2　离心机和电泳仪的安装

2.2.1　任务描述

仪器的正常工作离不开仪器的正确安装，安装仪器前要仔细阅读说明书，注意安装事项和安装环境，保证仪器正常工作和运行，下面就离心机和电泳仪进行安装与操作。

2.2.2 任务学习目标

素养目标	知识目标	技能目标
1.提高学生动手能力和沟通能力； 2.树立安全操作规范意识。	熟悉离心机和电泳仪的安装、操作注意事项。	能够对离心机和电泳仪进行正确安装。

2.2.3 任务准备

2.2.3.1 离心机

2.2.3.1.1 安装要求

（1）电源要求

单相交流50Hz电源，电压为220V，电压要求稳定，其波动要求在±10%之间，供电电压应与机器铭牌上的电压指标一致。

（2）环境要求

① 离心机应安放于通风处，避免热源和阳光直接照射，室内环境应干燥、洁净。

② 地面要求水平、坚固且不宜过于光滑，承重不小于200kg，不能摇晃振动。如果使用可移动的支架或台车，应该使用带锁紧装置的，以确保离心机的安全运行。

③ 离心机附近无较强震源。

④ 正常离心机工作环境的室内温度冷冻型机器应在10～30℃范围内，非冷冻型应在5～40℃范围，相对湿度应小于80%。

⑤ 离心机四周应避免热源。

⑥ 安装空间须保证离心机冷凝器的通风窗与墙距离至少0.5m，以保证制冷系统的风冷循环。

2.2.3.1.2 安装方法

（1）落地式机安装方法

① 将主机推到安装位置后，把前面两调节螺杆旋长，支撑到地面，使前轮离地，通过水平仪观察并调整螺杆使主机基本放置平稳。

② 装上转子，定位紧固，把水平仪放在转子体上的多个部位，分别调节两调节螺杆，直至水平仪任何方向气泡均位于中央为止。

③ 主机四周与墙壁的间隙应大于50cm，确保通风良好。

（2）台式机安装方法

① 将主机安装到坚实的水平台面上且台面不宜过于光滑，确保四个橡胶脚全部接触于工作台面。

② 主机四周与墙壁的间隙应大于50cm，确保通风良好。

（3）转子安装流程

① 用干净的软布擦拭离心室内的转子座和转子体内孔并涂薄层润滑油脂，将转子体放入电机轴，注意对准中心孔位置且转子座开槽处与电机轴销吻合；

② 将锁紧螺钉旋入，再将转子体拧紧；
③ 放入试管。
（4）转子拆卸流程
① 取出试管；
② 将锁紧螺钉拧开；
③ 双手轻轻将转子提出即可。

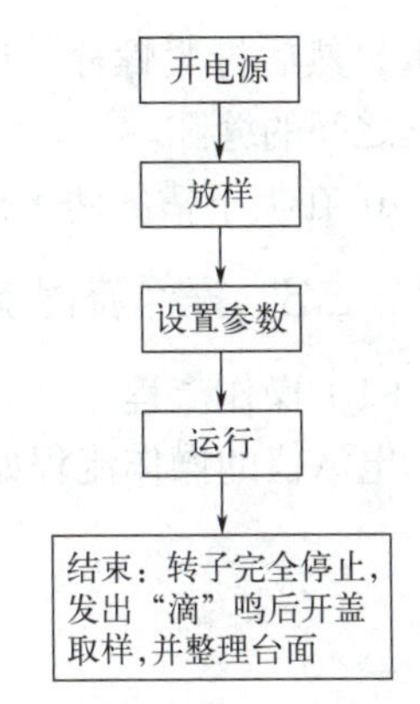

图2-12　离心机的操作流程

2.2.3.1.3　操作流程及注意事项

（1）操作流程
离心机的操作流程如图 2-12 所示。
（2）注意事项
① 使用时不能超过最大转速；
② 为保证离心效果，减少机器振动及噪声，请务必对称放样；
③ 启动运行前要检查确保上盖盖紧；
④ 转子完全停止方可开盖取样。

2.2.3.2　电泳仪

2.2.3.2.1　安装要求

（1）电源要求
（115±10% ～ 230±10%）V，50 ～ 60Hz，有保护性接地。
（2）环境要求
① 仪器设备周围避免有电磁波的电子仪器干扰，如无线收发器和移动电话。
② 仪器附近没有发射高频的机械（离心机、放电装置等）。
③ 仪器安装环境应避免过度的温度、湿度和气压，温度要求 10 ～ 40℃，相对湿度要求 5% ～ 85%。
④ 仪器避免放置在存放化学物品和煤气泄漏的地方。

2.2.3.2.2　电泳槽的安装

① 将四只固定螺杆插入带有红电极的储液槽的相应孔洞中，然后将下槽仰放在桌上。
② 左手拿凹槽橡胶模框，右手握住平玻璃的两侧边缘将其插在橡胶模框的下槽内，然后以同样方式将粘有玻璃隔条的玻璃板插到相应的上槽内。
③ 玻璃板与下槽接触，其下缘必须对齐储液槽下缘，并使橡胶框上的突出圆弧与储液槽有机玻璃中央对正。
④ 双手拿另一带有黑电极的储液槽与仰放在桌上的下槽相配合，使橡胶框上的突出圆弧位于上储液槽有机玻璃中央。电泳槽和导线如图 2-13 所示。

图2-13　电泳槽及导线

⑤ 装上四只螺母，将电泳槽垂直竖起，放在

桌上，然后拧紧螺栓，应使四条螺栓受力均匀，用10%琼脂密封胶室下端玻璃板与橡胶框之间的缝隙。

⑥ 在上下槽的两个出水口处装上胶管，并用夹子夹住两个出水口，使其密闭。

2.2.3.2.3 操作流程及注意事项

（1）操作流程

电泳仪的操作流程如图2-14所示。

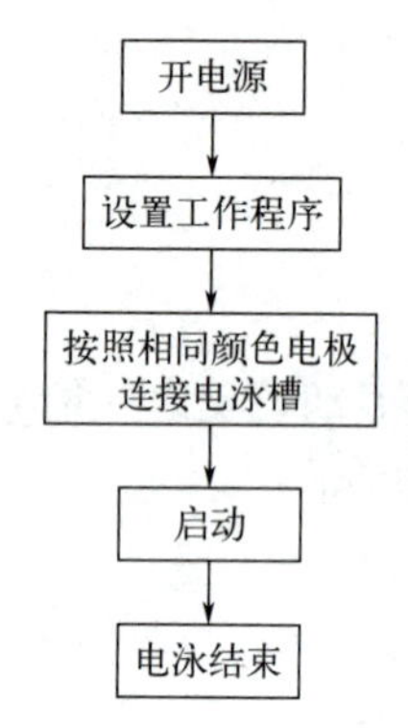

图2-14 电泳仪的操作流程

（2）注意事项

① U、I、P 三个参数的有效输入范围应在规定的范围内。

② 一般情况下，当出现“NO Load”时，首先应关机检查电极导线与电泳槽之间是否有接触不良的地方，可以用万用电表逐段测量。

③ 本仪器输出电压较高，使用中应避免接触输出回路及电泳槽内部，以免发生危险。

学习笔记

2.2.4 任务实施

实训任务单

根据现有实训条件，对实验室离心机和电泳仪使用环境进行检查、记录。

2.2.5 任务评价

小组内部进行自评，其他小组进行互评，然后由老师进行点评，评价结果写在下面文本框内。

评价意见

小组内部意见

其他小组意见

教师点评

任务 2.3 离心机和电泳仪的保养与维护

2.3.1 任务描述

仪器在使用过程中，随着外界环境的变化、仪器的老化或人员超载使用，容易产生灰尘、受潮、老化等情况，从而导致仪器运转不正常、显示不准确、故障频发等。因此，离心机和电泳仪的保养、维护是保障仪器正常使用的重要环节，可以有效降低仪器故障率。一般来说，保养与维护分为日保养与维护、月保养与维护以及年度保养与维护。对于专业的维护人员，掌握其保养与维护工作是必备技能。

2.3.2 任务学习目标

素养目标	知识目标	技能目标
1. 培养学生树立生物学安全意识； 2. 培养学生精益求精的工匠精神。	掌握医用离心机和电泳仪的日常保养与维护所需工具和准备。	能对医用离心机和电泳仪进行保养与维护。

2.3.3 任务准备

2.3.3.1 医用离心机的保养与维护

（1）准备工具

去离子水、洁净软布、电吹风机、离心机专用润滑油、70% 酒精。

（2）保养和维护工作

① 日保养与维护 检查转子锁定螺栓是否松动；用温水（55℃左右）及中性洗涤剂清洗转子，然后用蒸馏水冲洗，软布擦干后用电吹风吹干、上蜡、干燥保存。

② 月保养与维护 用温水及中性洗涤剂清洗转子、离心机内腔等；使用 70% 酒精消毒液对转子进行消毒。

③ 年度保养与维护 专业维护工程师检查离心机马达、转子、门盖、腔室、速度表、定时器、速度控制系统等部件，保证各部件的正常运转。每隔三个月应对主机水平校正一次；每使用 5 亿转处理真空泵油一次；工作 500 小时时应检查驱动电机碳刷，用吸尘器除去产生的碳粉；使用 1500 小时左右清洁驱动部位轴承并添加高速润滑油脂。

④ 转子保养 转头使用前先预冷，每天离心工作完成后，用干净软布擦去转子和离心杯内外表面的残留液和水，晾干待用。暂时不用的转子和离心杯，应从离心室取出分别存放在清洁干燥处。转子长时间不用应涂一层石蜡保护。定期检查转子和离心杯的内外表面氧化层，若有剥落、腐蚀或严重划伤、变形、细小裂纹应停止使用。

（3）医用离心机长时间不使用的保养方法

① 将设备的部件全部拆下来，清理干净，不要有水渍残留。

② 设备用袋子包装起来，然后再用纸箱进行包装。

③ 包装好后，设备放到干燥的位置保存。

（4）医用离心机常见故障分析

① 通电后电机不转故障 首先对离心机电源线、插头、插座进行检查，如有损坏则应更换，如无问题则检查离心机波段开关或变阻器是否损坏或连线开脱。如损坏或开脱则更换损坏元件，重焊连线。如无问题则检查离心机电机磁场线圈是否有断脱或断路（内部），如是连线圈断脱可以重焊，如是线圈内部断路则只能重绕线圈。

② 电机转速达不到额定转速故障 首先检查离心机轴承，如轴承损坏则更换轴承，如轴承内部缺油或污物太多则应清洗轴承并加注润滑油。其次检查离心机整流子表面是否有异常或电刷与整流子轰面的配合是否吻合。如整流子表面有异常，如有一层氧化物则应用细砂纸对其进行打磨；如整流子与电刷的配合不吻合则应调整到接触良好的状态。如无以上问题则检查离心机转子线圈中是否有断路的现象，如有则应重绕线圈。

③ 天冷时低速挡不能启动故障 可能是离心机润滑油凝固或润滑油变质干涸黏住。开始时，可用手帮助重新转动或清洗后主动重新上油。

④ 震动剧烈、噪声大故障 检查离心机是否有不平衡的问题存在，例如固定机器的螺母松动，如有则固紧。检查离心机轴承是否损坏或弯曲，如有则更换轴承。检查离心机外罩是否变形或位置不正确发生摩擦，如有则对其进行调整。

⑤ 整流子与电刷之间间隙太大故障 检查离心机整流子表面是否平整，如表面不平整可以用砂纸打磨。如问题是电刷与整流子接触不良，则用细砂纸将其部位打磨，重新调整电刷与整流子之间的配合。如果是电刷质量不合格，则只能更换电刷。如以上均

无问题，则检查离心机磁场线圈是否有局部短路或通地或是转子线圈有局部短路或断路，如以上情况无论出现哪一个都得重绕磁场线圈或是重绕转子线圈。

⑥ 离心机转速不稳定故障　a. 可调电阻出现问题。因可调电阻安装在控制面板上，使用频率非常高，时间长了出现接触不良的情况很普遍。b. 可控硅出现问题。通常是击穿短路、开路、不能触发或内部接触不良等。c. 四个整流二极管中的某一个有问题。d. 电机转子与整流子之间有碳粉或碳刷本身质量不良等。

2.3.3.2　电泳仪的保养与维护

（1）准备工具

滤纸、软布、蒸馏水、毛刷。

（2）保养和维护工作

① 日保养与维护　电极的维护：电泳工作结束后，应当用干滤纸擦净电极，避免电泳缓冲液沉积于电极上或酸碱对电极的腐蚀。

② 月保养与维护　仪器使用环境应清洁，经常擦去仪器表面尘土和污物；不要将电泳仪放在潮湿的环境中保存。

（3）电泳仪长时间不使用的保养方法

电泳仪长时间不用应关闭电源，同时拔下电源插头并盖上防护罩。只有这样，电泳分析结果的准确度才能得以保证。

（4）电泳仪常见故障分析

① 电泳仪的输出达不到设定值故障　如果电泳仪的输出电压 U 达不到预置值，应首先观察电流 I 或功率 P 是否已经恒定，或者已经达到电泳仪所规定的最大 I 或 P（电泳仪均有明确指示灯标志）。如果尚未达到极限值，则将已经恒定 I 或 P 的设置调大（有必要的话至极限值），这样才能够提高输出电压。如果电泳仪的电流 I 达不到预置值，可调整电压 U 或功率 P。如果电泳仪的功率 P 达不到预置值，可调整电压 U 或电流 I。

② 电脑控制电泳仪过压报警　检查是否空载使用；检查电泳槽是否未加缓冲液；检查是否电泳槽铂金丝断。

③ 过流保护　检查是否存在电泳槽短路现象；检查缓冲液是否选错。

④ 漏电保护　检查是否有液体溅入仪器内部或输出接口上；检查是否有很多灰尘落入仪器内部。

2.3.4　任务实施

请仔细阅读【任务准备】回答下列问题。

1. 常用医用离心机的日常保养具体内容有哪些？

____

____

____

2. 电泳仪的日常保养具体内容有哪些？

____

____

____

实训任务单

医用离心机和电泳仪的日常保养操作

准备工具：

任务一：医用离心机清洁
操作步骤：

任务二：电泳仪电极清洁
操作步骤：

任务三：清洁医用离心机驱动轴承并上油
操作步骤：

2.3.5 任务评价

小组内部进行自评，其他小组进行互评，然后由老师进行点评，评价结果写在下面文本框内。

评价意见

小组内部意见

其他小组意见

教师点评

项目巩固

医用离心机和电泳仪是临床实验室中必不可少的分离分析仪器，掌握其工作原理及组成结构可以为将来从事安装、维护、销售等工作奠定基础，熟练操作仪器的日常保养可以有效延长仪器的使用寿命，保证样本检查结果的准确性。

学习笔记

项目学习成果评价

请根据下表要求对本活动中的工作和学习情况进行打分。

项目	项目要求		配分	评分细则	得分
职业素养（20）	纪律情况（5）	按时到岗，不早退	1	违反规定，每次扣1分	
		积极思考，回答问题	2	根据上课统计情况得0～2分	
		三有（有工作页、笔、书）	1	违反规定每项扣0.3分	
		完成任务情况	1	根据完成任务进度扣0～1分	
	职业道德（10）	能与他人合作	3	不符合要求不得分	
		主动帮助同学	3	能主动帮助他人得3分	
		认真、仔细、有责任心	4	对工作精益求精且效果明显得4分，对工作认真得3分，其余不得分	
	卫生意识（5）		5	保持良好卫生，地面、桌面整洁得5分，否则不得分	
职业能力（60）	识读任务书（10）	案例认知	10	能全部掌握得10分，部分掌握得5～8分，不清楚不得分	
	资料收集（20）	收集、查阅、检索能力	20	资料查找正确得20分，不完整得13～18分，不正确不得分	
	任务分析（30）	语言表达能力、沟通能力、分析能力、团队协作能力	30	语言表达准确且具有针对性。分析全面正确得30分，不完整得10～28分	
工作页完成情况（20）	按时完成工作页	按时提交	5	按时提交得5分，迟交不得分	
		内容完成程度	5	按完成情况分别得1～5分	
		回答准确率	5	视准确率情况分别得1～5分	
		有独到见解	5	视见解程度分别得1～5分	
总分					

学生总结：

项目3 血细胞分析仪

项目导读

血液是维持人体正常生理活动的重要物质，人类生理和病理的变化往往会引起血液组分的变化，所以，及时了解血液组分的变化，可以为医生提供诊断与治疗疾病的重要依据。随着近几年计算机技术日新月异的发展，现代血细胞分析仪多采用五分类技术，本项目重点就血细胞分析仪的检测方法、应用及其安装和常见故障处理加以阐述。

项目学习目标

素养目标	知识目标	能力目标
1. 培养学生爱岗敬业、勇于担当的国家使命感； 2. 培养学生严谨细致、精益求精的工作态度； 3. 增强学生的创新意识。	1. 掌握血细胞分析仪检测原理； 2. 掌握血细胞分析仪基本结构。	1. 能够安装血细胞分析仪； 2. 能够完成血细胞分析仪日常维护工作； 3. 能够分析血细胞分析仪常见故障并进行处理。

情境引入

日常生活中，放大镜让微小的东西变得清晰可见，显微镜可以观察微观世界，并发现血液中不同形态的细胞。血常规检查是医学检查中常见的检查项目，随着科学技术的发展，自动化检查仪器也应运而生。

问题思考：

1. 目前可以对血细胞进行检查的仪器有哪些？
2. 它们是如何进行工作的？

记一记

任务 3.1 血细胞分析仪基础知识认知

3.1.1 任务描述

目前，越来越多的血液学实验室面临日益增长的样本数量和提高检测效率的挑战，这就要求实验室必须减少样本的周转时间和检测成本。因此，全自动化血细胞分析仪就显得格外重要。那么血细胞分析仪是如何进行分析和检测的呢？

3.1.2 任务学习目标

素养目标	知识目标	技能目标
1. 培养学生爱岗敬业、勇于担当的国家使命感； 2. 培养学生严谨细致、精益求精的工作态度； 3. 增强学生的创新意识。	1. 掌握血细胞分析仪的工作原理和基本结构； 2. 了解血细胞分析仪的临床应用。	能够清楚表述血细胞分析仪的发展概况及临床应用。

3.1.3 任务准备

3.1.3.1 血液基础知识概述

血液是由多种成分组成的红色浓稠液体，主要包括红细胞、白细胞、血小板及血浆等。离体后的血液自然凝固后所分离出来的黄色透明液体为血清（不含纤维蛋白原）。血液加抗凝剂后所分离出来的黄色透明液体称血浆。血细胞分析仪（亦称血细胞计数器）是了解血液血细胞变化的一种重要仪器。

血细胞分析仪的主要功能是检测人外周血的血细胞种类并进行计数，其测量参数可达 40 项以上，如表 3-1 所示。这些参数不仅在临床疾病的诊断与治疗中起到重要作用，而且在特殊专科和科研工作也起到重要作用。

表3-1 血细胞分析仪的主要测量参数

测量参数分类	参数名称
红细胞参数	红细胞计数、血红蛋白定量、红细胞比容、平均红细胞体积、平均红细胞血红蛋白含量、平均红细胞血红蛋白浓度、网织红细胞计数与分类等
白细胞参数	白细胞计数、白细胞三分群或白细胞五分群、白细胞核象、平均中性粒细胞体积、淋巴细胞亚群等
血小板参数	血小板计数、平均血小板体积、血小板比容、血小板体积分布宽度、血小板体积分布直方图等

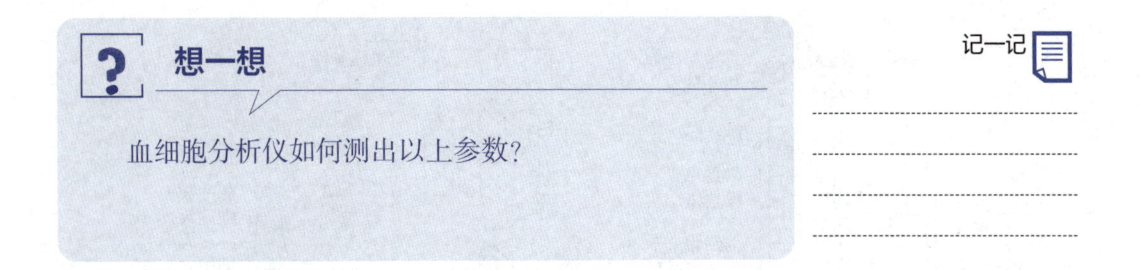

3.1.3.2　血细胞分析仪的发展

20 世纪 50 年代初，美国人库尔特设计了电阻抗原理，研发了世界上第一台电子细胞计数仪，同时又发明了血红蛋白测定仪，开创了血细胞计数的新纪元。70 年代，仪器可根据检测数据分析出细胞形态参数。80 年代，白细胞自动分类技术研制成功，同时发明了网织红细胞计数仪。90 年代至今，全自动血细胞分析仪得到广泛使用，白细胞五分类技术日益提高，并开始引入血细胞分析仪全自动流水线技术（见图 3-1）。

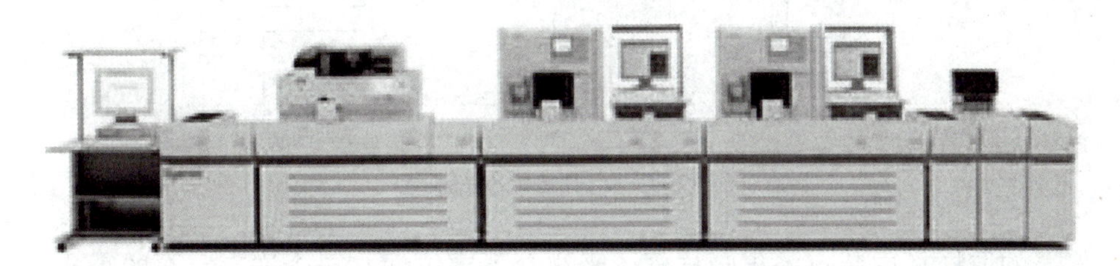

图3-1　血细胞分析仪全自动流水线

3.1.3.3　血细胞分析仪的分类

按自动化程度可分为半自动血细胞分析仪、全自动血细胞分析仪、血细胞分析工作站和血细胞分析流水线。按检测原理可分为电容型、电阻抗型、激光型、光电型、联合检测型、干式离心分层型和无创型。按仪器分类白细胞的水平可分为二分类、三分类、五分类、五分类 + 网织红细胞。

3.1.3.4　血细胞分析仪的工作原理

血细胞分析仪采用变阻脉冲法原理。血细胞是电的不良导体，将血细胞置于电解液中，由于细胞很小，一般不会影响电解液的导通程度。但是，如果构成电路的某一小段电解液截面很小，其尺度可与细胞直径相比拟，那么当有细胞浮游到此处时，将明显增大整段电解液的等效电阻，如图 3-2 所示。如果该电解液外接恒流电源（不论负载电阻值如何改变，均提供恒定不变的电流），则此时电解液中两极间的电压是增大的，产生的电压脉冲信号与血细胞的电阻率成正比。如果控制定量溶有血细胞的电解溶液使其从小截面通过，即使血细胞顺序通过小截面，则可得到一连串脉冲，对这些脉冲计数就可求得血细胞数量。由于各种血细胞直径不同，所以其电阻率也不同，所测得的脉冲幅度也不同，根据这一特点就可以对各种血细胞进行分类计数。

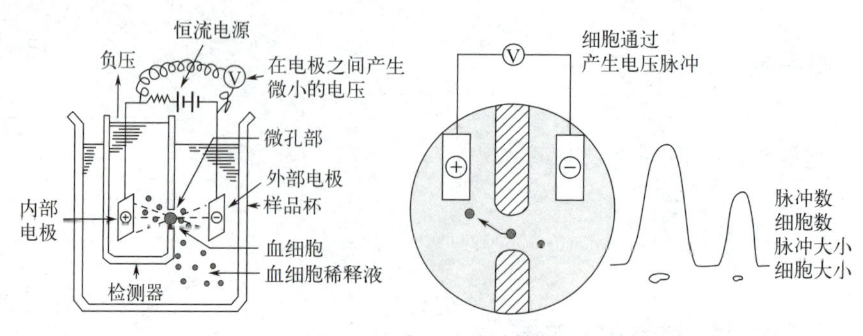

图3-2　变阻脉冲法原理

变阻法计数在大多数血细胞分析仪中是利用小孔管换能器装置实现的，如图 3-3 所示。

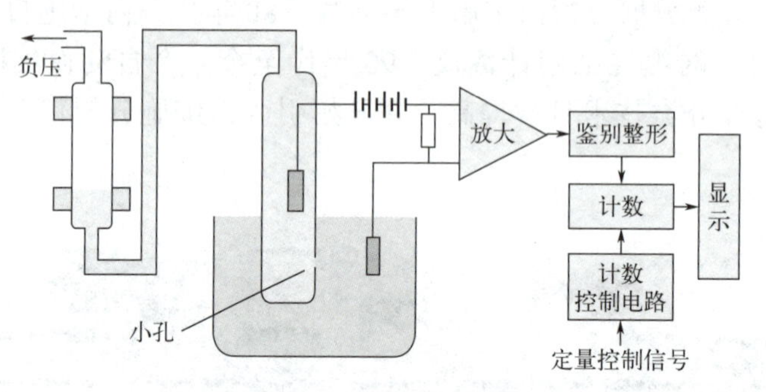

图3-3　小孔管换能器装置

仪器的取样杯内装有一根吸样管，吸样管下部侧面有一个嵌有宝石的小孔，因此叫作小孔管。小孔管的内侧和外侧各放置一只铂金电极，两电极间施加一个恒定的电压，形成一个恒定的电流。测试前，先将待测血液用洁净的电解液按比例充分稀释，使血细胞在电解液中成为游离状态；然后在小孔管上端通过负压泵施加负压，在负压的抽吸下，混有血细胞的电解液便被均匀地抽进小孔管（负压一定要稳定）。当血细胞通过小孔时，排开了等体积的电解液，使电解液的等效电阻瞬间变大，这个变大的电阻在恒流源的作用下引起一个等比例增大的电压。当细胞离开小孔附近后，电解液的等效电阻值又恢复正常，直到下一个细胞到达小孔。这样，血细胞连续地通过小孔，就会在电极两端产生一连串电压脉冲。脉冲的个数与通过小孔的细胞个数相当，脉冲的幅度与细胞体积成正比。脉冲信号经过放大、阈值调节、甄别和整形等步骤，得出细胞计数结果。

（1）血细胞的分类计数

细胞的分类计数是指分别计数各种细胞。血液中各种细胞的体积是不同的，白细胞体积范围在 120 ～ 1000fl，红细胞在 85 ～ 95fl，血小板在 2 ～ 30fl，血细胞的分类计数便是利用它们的体积及数量的不同进行的。由前述可知，体积不同的红细胞、白细胞、血小板，其产生的脉冲幅度也不同，排列顺序以白细胞最大，红细胞次之，血小板最小。

（2）白细胞分类技术

循环血液中的白细胞包括中性粒细胞、嗜酸性粒细胞、嗜碱性粒细胞、淋巴细胞和单核细胞。单纯依靠细胞体积大小来进行白细胞五分类是难以做到的，必须采用一些其他检测手段联合应用来进行白细胞五分类。常用方法有：高频电磁波（或称射频）传导法、细胞化学染色法、特殊溶血剂法、激光散射法等，通常将两种或两种以上的方法结合在一起。

① 体积、电导、光散射法（VCS） VCS技术集三种物理学检测技术于一体，可使血细胞未经任何处理，在与体内形态完全相同的自然状态下进行多参数分析，得出检测结果，如图3-4所示。

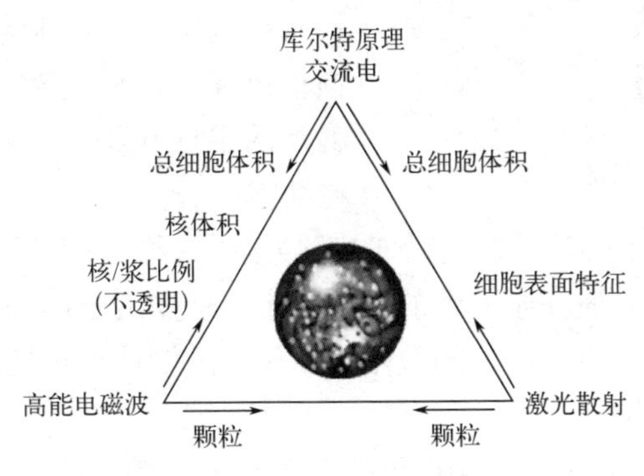

图3-4　VCS检测原理

标本内先加入只作用于红细胞的溶血剂，使红细胞溶解，然后加入抗溶血剂中和溶血剂，使白细胞表面、胞质及细胞大小等特征仍然保持与体内相同的状态。根据流体力学的原理，使用鞘流技术使溶血后剩余的白细胞单个通过检测器，接受VCS三种技术的同时检测。

a. 体积法（volume，V）：测量依据的是电阻抗原理。当细胞进入小孔管时，产生的脉冲峰的大小依细胞体积而定，脉冲的数量决定于细胞的数量，因此可以有效区分体积大小差异显著的淋巴细胞和单核细胞。但是，小淋巴细胞与成熟的嗜酸性粒细胞体积相似，未成熟的淋巴细胞和成熟的嗜中性粒细胞体积相似，因此仅用体积测量法还不能准确地进行白细胞分类。

b. 电导法（conductometry，C）：根据细胞壁能产生高频电流的性能采用高频电磁探针，测量细胞内部结构、细胞核和细胞质的比例以及细胞内质粒的大小和密度，如图3-5所示。细胞膜对高频电流具有传导性，当电流流过细胞时，细胞核的化学组分可以使电流的传导性发生变化，其变化量可以反映出细胞内含物的信息。因此，电导性可辨别体积完全相同而性质不同的两个细胞群。

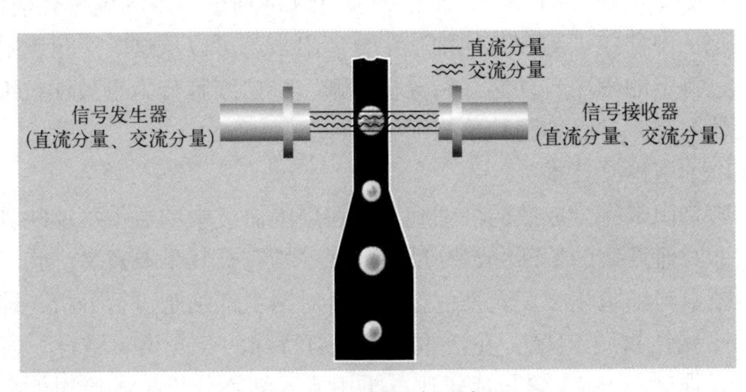

图3-5　射频电导法

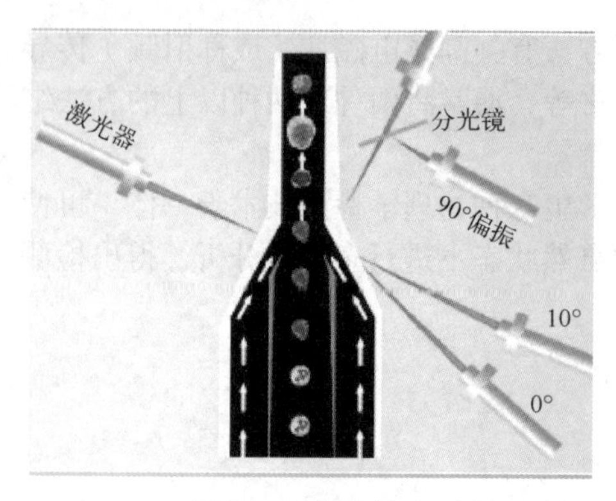

图3-6　光散射法

c. 光散射法（scatter，S）：是根据细胞表面光散射的特点来区分细胞类型的鉴别方式。来自激光光源的单色光束直接进入计数池的敏感区，通过对细胞进行扫描分析，提供细胞结构和形态的光散射信息，如图3-6所示。光散射法对细胞颗粒的构型和颗粒质量特别具有区别能力，细胞粗颗粒的光散射要比细颗粒更强。这种光散射有助于仪器区分粒细胞类的中性粒细胞、嗜酸性粒细胞和嗜碱性粒细胞。

VCS技术使得每个细胞通过检测区时都会接受三维分析，不同的细胞在细胞体积、表面特征、内部结构等方面完全一致的概率很小。根据细胞体积、传导性和光散射的不同，综合三种检测方法所得到的检测数据，经仪器内设计算机处理，可以得出细胞分布图，进而计算出实验结果。

② 光散射与细胞化学技术联合白细胞分类技术　该技术联合利用激光散射和过氧化物染色技术进行细胞分类计数。嗜酸性粒细胞有很强的过氧化氢酶活性，中性粒细胞有较强的过氧化氢酶活性，单核细胞次之，而淋巴细胞和嗜碱性粒细胞无此酶。如果将血液经过氧化物染色，胞质内即可出现不同的酶化学反应。染色后的细胞通过测试区时，由于酶反应强度（阴性、弱阳性、强阳性）和细胞体大小不同，激光束射到细胞时所得前向角和散射角不同。以x轴为吸光率（酶反应强度），y轴为光散射（细胞大小），每个细胞产生的二维信号结合，即可定位在细胞图上。仪器每秒钟可测上千个细胞。计算机系统对存储的资料进行分析处理，并结合嗜碱性粒细胞/分叶核通道结果计算出白细胞总数和分类计数结果。

③ 多角度偏振光散射白细胞分类技术　其原理是将一定体积的全血标本用鞘流液按适当比例稀释，白细胞内部结构近似自然状态，嗜碱性粒细胞结构有轻微改变，在一定压力的作用下，样本被集中成一个直径30μm的小股液流，该液流将稀释细胞单个排列，使得样本中的待测细胞单个通过激光束，在各个方面都有散射光。可从4个角度测定散射光的密度，这4个角度分别是：0°，前角光散射（1°～3°）粗略地测定细胞大小；10°，狭角光散射（7°～11°）测细胞结构及其复杂性的相对指征；90°（包括前后两个方向），垂直光散射（70°～110°），基于颗粒可以将垂直角度的偏振光消偏振的特性，将嗜酸性粒细胞从中性粒细胞和其他细胞中分离出来。可以从这4个角度对每个白细胞进行测量，通过特定的程序自动储存和分析数据，将白细胞分为嗜酸性粒细胞、中性粒细胞、嗜碱性粒细胞、淋巴细胞和单核细胞5种。

（3）网织红细胞检测技术

网织红细胞是尚未完全成熟的红细胞，它在周围血液中的数值可反映骨髓红细胞的生成功能，因而对血液病的诊断和治疗反应的观察均有极其重要意义。临床上采用激光流式细胞分析技术与细胞化学荧光染色技术联合对网织红细胞进行分析，即利用网织红细胞中残存的嗜碱性物质RNA，在活体状态下与特殊的荧光染料结合，通过激光激发产生荧光，荧光强度与RNA含量成正比；再用流式细胞分析技术检测单个网织红细胞的大小和细胞内 RNA 的含量及血红蛋白的含量，由计算机数据处理系统综合分析检测数据，得出网织红细胞计数及其他参数，如图 3-7 所示。

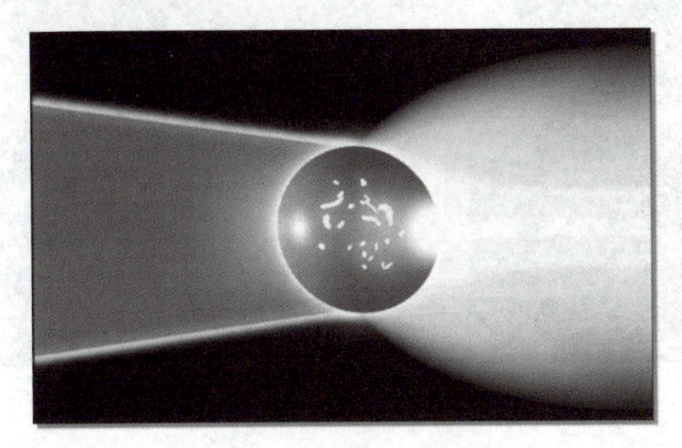

图3-7 网织红细胞检测原理

（4）血红蛋白测量原理

血红蛋白在临床检验时因难以从血液中分离出来而采用相对比色法进行间接测量。用溶血剂将经过稀释的血液中的红细胞破坏，血红蛋白便溶解出来，再加入转化剂进而转化为颜色稳定的氰化血红蛋白。血红蛋白含量越高，它的颜色就越深，透光性就越差（或吸光性越强）。用光电器件检测透射光强度，并与已定标的血红蛋白值相比较，即可得出血红蛋白含量。常用的光路系统为了防止光散射和外来光干扰，一般采用双波长法测量。

血红蛋白测定：（白细胞 / 血红蛋白通道）

血液样品 + 稀释液 + 溶血剂 + 转化剂 ⟶ 氰化血红蛋白

氰化血红蛋白浓度 ∝ 血红蛋白浓度 ⟶ 比色法测量

3.1.3.5 血细胞分析仪的基本结构

针对不同类型的血细胞分析仪，其结构各不相同，但大多都由机械系统、电学系统和光学系统等以不同的形式组成。

（1）机械系统

各类型的血细胞分析仪虽结构各有差异，但均含有机械装置和真空泵，以完成样品的吸取、稀释、传送、混匀，以及将样品移入各种参数的检测区。此外，机械系统还承担试剂的传送、管路的清洗和废液的排出等功能。

（2）电学系统

主要由主电源、电子元器件、控温装置、自动真空泵电子控制系统以及仪器的自动监控、故障报警和排除等组成。

（3）光学系统

主要由血细胞检测系统和血红蛋白检测系统组成。血细胞检测系统主要有电阻抗检测技术系统和流式光散射检测技术系统两大类。电阻抗检测技术系统由检测器、放大器、甄别器、阈值调节器、检测计数系统和自动补偿装置组成；流式光散射检测技术系统由激光光源、检测装置和检测器、放大器、甄别器、阈值调节器、检测计数系统和自动补偿装置组成。血红蛋白检测系统由光源、透镜、滤光片、流动比色池和光电传感器等组成。血细胞分析仪左侧结构如图 3-8 所示，正面结构如图 3-9 所示。

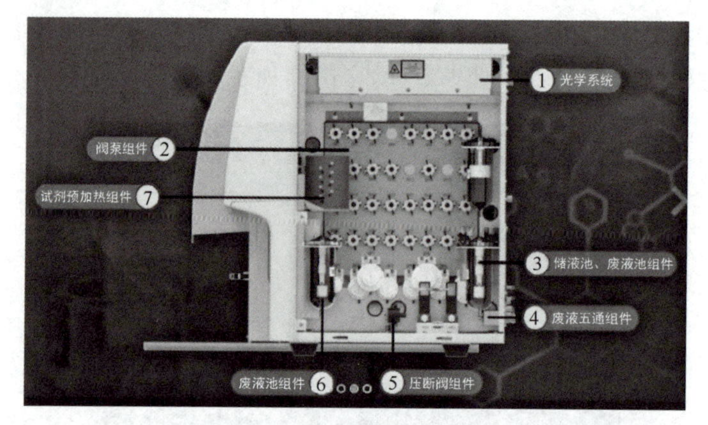

图3-8　血细胞分析仪左侧结构

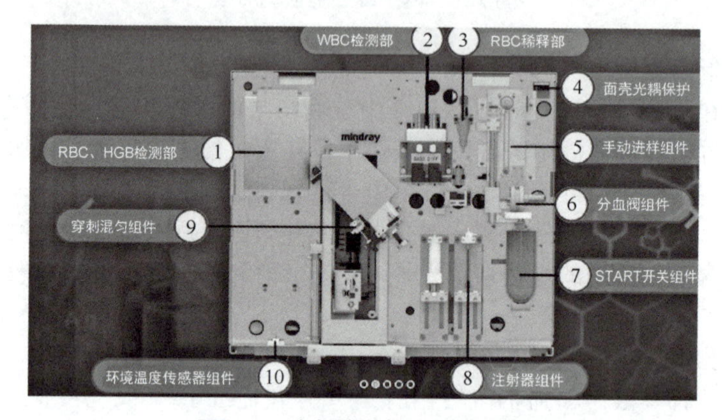

图3-9　血细胞分析仪正面结构

3.1.4　任务实施

请仔细阅读【任务准备】回答下列问题。

1. 血细胞分析仪的功能是什么？

2. 什么是变阻脉冲法？

3. 什么是联合检测法？

4. 简述 VCS 技术。

5. 网织红细胞检测原理是什么？

6. 血红蛋白测量原理是什么？

7. 写出血细胞分析仪的正面结构①～⑩名称。

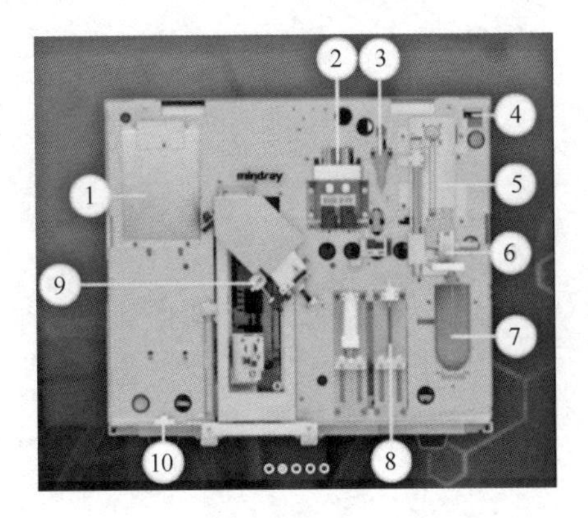

8. 写出血细胞分析仪的侧面结构①～⑦名称。

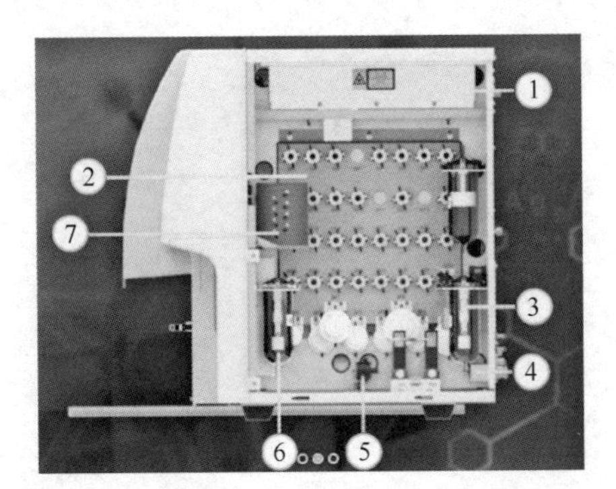

实训任务单

角色演练：分小组，演练向“客户”介绍血细胞分析仪的基本结构及检测原理。

3.1.5　任务评价

小组内部进行自评，其他小组进行互评，然后由老师进行点评，评价结果写在下面文本框内。

评价意见

小组内部意见

其他小组意见

教师点评

血细胞分析仪

血细胞分析仪器功能及分析流程

VCS技术

五分类血细胞分析仪

任务 3.2　血细胞分析仪的安装

3.2.1　任务描述

血细胞分析仪作为常用的医用检验仪器，使用率越来越高，从大型医院到个体诊所都有使用。仪器的安装及应用是工程师、医学检验技师所需具备技能之一，不同型号的仪器安装过程大致相似，下面将对其安装流程做详细的说明。

3.2.2　任务学习目标

素养目标	知识目标	技能目标
培养学生严谨细致、精益求精的工作态度。	熟悉血细胞分析仪的安装注意事项。	能够对血细胞分析仪进行安装。

3.2.3　任务准备

3.2.3.1　安装要求

血细胞分析仪应安装在一个洁净的环境内，并放置在平稳的实验台上，位置应相对固定。阳光不宜直射，环境温度应在 15 ～ 30℃，避免在阴暗潮湿处安放仪器。应尽量避免与电子计算机断层扫描仪（CT）、理疗仪器等用电量较大的仪器共同使用同一根电源线，以免造成干扰及瞬间电压过低。

3.2.3.2　安装步骤

（1）管线连接和开机

① 连接电源线和地线　将电源线一端连接到主机的电源接口，另一端连接到独立的电源插座。连接地线于接地端，确认地线的末端良好接地。

② 管路连接

连接废液接口：一端连接到仪器后板的废液接口，另一端连接到废液桶。

连接稀释液：一端连接稀释液，另一端连接到仪器后板的稀释液接口。

连接清洗剂：一端连接清洗剂，另一端连接到仪器后板的清洗剂接口。

连接溶血素：一端连接溶血素，另一端连接到仪器后板的溶血素接口。

③ 开机自检　打开电源，仪器进入自检状态。显示自检信息时，仪器自检；显示测量画面时，自检完成。

（2）灌注

开机自检后，在“测量”菜单中按“灌注”，执行灌注程序。

3.2.3.3　临床操作

（1）空白计数（测量空气）

按“测量开关”键，空吸样品（空气），测量结果应在如下范围内：白细胞（WBC）$\leqslant 0.1 \times 10^9 L^{-1}$，红细胞（RBC）$\leqslant 0.01 \times 10^{12} L^{-1}$，血红蛋白（HGB）$\leqslant$ 1g/L，血小板（PLT）$\leqslant 5 \times 10 L^{-1}$。如果数值超出该范围，请进行冲洗程序，清洁管路后继续空白计数。

（2）输入样本编号

开始检测时设定的数据在记录和打印的时候，被仪器内部的样品号码所管理，实际的样品和样品号码一定要对应。在主菜单界面，按序号、姓名、性别、年龄、病历号输入病人基本信息，在编辑详细信息时又将多加检测科室、检测医生、床号三个扩展信息。

（3）全血模式测量

充分摇匀采血管后将吸样针插入采血管，检查吸样针是否确实与血液接触，不要将吸样针与采血管壁相接触。吸样针与血液接触的同时按“测量开关”按钮，测试开始。样品被吸入后有提示画面，吸样针向仪器内部移动后将采血管移开。被吸样品在仪器内部自动被稀释。测试完毕后画面显示测定值直方图，吸样针自动恢复原位。当设置为自动打印时，测试完毕后报告自动进行打印。打印结束后，下一个样品即可进行测试。

（4）预稀释血模式

预稀释血模式在测定中采血量为20μL。在主界面上按“预稀释”按键，此按键将会被选中，并显示“预稀释”。此时，将样品杯内壁贴于吸样针处，按“测量开关”将打出1.2mL稀释液。用采血管采集血液20μL，将事先准备好的1.2mL稀释液与20μL预稀释血充分摇匀，测量过程与全血模式相同。

（5）周保养

如图3-10所示，点击“系统”—“保养”，将吸样针完全浸入保养液（50mL）中，轻按“测量开关”键，待吸样针自动收回，移开保养液。第一次周保养大约需要1分钟。第一次周保养结束，依据提示重复上述步骤，完成第二次周保养，第二次周保养大约需要8分钟。

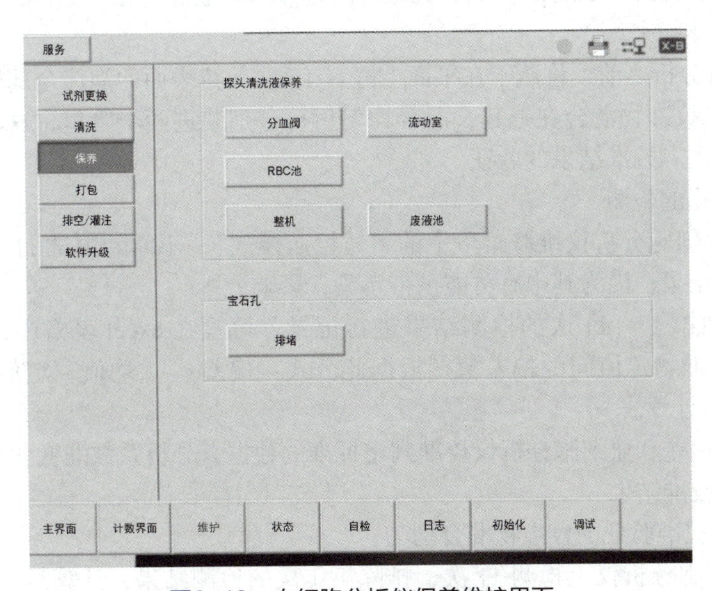

图3-10 血细胞分析仪保养维护界面

（6）打印

当打印模式设为自动时，测量完成后就会自动打印。打印模式设为手动时，按“打印”键可以控制打印机进行打印。本仪器的打印模式包含测定数据打印和直方图打印。

3.2.3.4 仪器校准

血细胞分析仪在出厂前已经过厂方技术鉴定合格，但由于运输震动、故障维修后和长时间停用后再启用等，以及正常使用半年以上或认为有必要时，都必须对仪器进行校准及性能测试。校准时，要按说明书要求用厂家的配套校准物或新鲜人血进行校准。

（1）校准物准备

校准物的来源：①来自该血细胞分析仪厂家的配套校准物；②来自新鲜人血，但定值要求直接或间接地溯源至国际标准。

（2）校准物的选择

使用国家药品监督管理部门注册登记的国际公认质量可靠的检测系统的实验室，可使用制造商规定的配套校准物，也可使用新鲜人血作为校准物。对于使用无配套校准物检测系统的实验室，必须使用新鲜人血进行仪器校准。

（3）血细胞分析仪校准前准备

彻底清洗管道，去除管道中的残留血液、吸附的蛋白和纤维等，然后测定试剂空白，本底必须符合要求。另外还需要对校准的环境条件进行检查，维持温度 18 ～ 25℃，同时运行空白计数，保证血细胞分析仪的精密度、背景计数以及携带的污染物不超过说明书规定的正常范围。

（4）准备校准品

① 从冰箱中取出配套校准物试剂，放置 30min，等待温度恢复至 18 ～ 25℃即可。

② 必须将瓶子保持直立的状态，然后用双手轻轻搓动瓶子 20s，再将它倒过来轻搓 20s 以上。

③ 轻轻来回翻转 12 次，使瓶子里的液体充分均匀地混合在一起，并且要保证让所有的细胞都悬浮起来。

④ 在进行分析之前，将瓶子在平面上静置 15s，等待表面的泡沫全部散去。

⑤ 将两管校准物混合在一起，混合均匀后再分别装进两个管里，这两管分别用于对校准物的检测和校准结果的验证。

（5）校准物的检测

① 选择血细胞分析仪维修菜单中的“质控血模式”，不间断测试 11 次。注意不用第一次的检测结果，因为其中有可能携带污染，影响分析。

② 将各项第 2 ～ 11 次的检测结果进行记录，填写在 excel 表格中，然后计算均值及均值和校准物定值间的偏差值。根据此公式：偏差 =［(均值 – 定值) / 定值］× 100% 进行偏差计算。

通过比较偏差和血细胞分析仪校准判定标准的数据，分析系数的变化情况。

（6）验证校准结果

① 把用于校准验证的校准物混合均匀；

② 在血细胞分析仪上检测 11 次，排除第 1 次的检测结果，计算第 2 ～ 11 次检测结果的平均值和存在的偏差，再次与数值比较。

（7）自动模式与手动模式

① 对血细胞分析仪手动模式的正确校准进行确认；

② 将新鲜的血液在手动模式下检测 11 次，仍忽略第 1 次的检测结果，只计算第 2 ～ 11 次的检测结果，计算出这 10 次结果的平均值；

③ 同样在自动模式下对血液进行检测，11 次后，求检测结果平均值，算出手动模式和自动模式的偏差。

如果偏差小于血细胞分析仪规定的允许范围，则合格；反之，还要校准自动模式的系数，再次进行实验。

3.2.4　任务实施

请仔细阅读【任务准备】回答下列问题。

1. 血细胞分析仪使用的要求是什么？

2. 血细胞分析仪的安装步骤包括哪些？

3. 血细胞分析仪的管路连接工作主要包括哪些？

学习笔记

实训任务单

分小组，完成血细胞分析仪的安装，注意成员间合作及规范操作。

3.2.5 任务评价

小组内部进行自评，其他小组进行互评，然后由老师进行点评，评价结果写在下面文本框内。

评价意见

小组内部意见

其他小组意见

教师点评

任务 3.3 血细胞分析仪的保养与维护

3.3.1 任务描述

厂家为了更好地了解血细胞分析仪在客户端的使用情况，减少故障发生的概率，规定维护工程师最少每 3 个月拜访一次客户，并做一些基本的维护。

3.3.2 任务学习目标

素养目标	知识目标	技能目标
1. 培养学生严谨细致、精益求精的工作态度； 2. 增强学生的创新意识。	1. 熟悉血细胞分析仪保养所需工具； 2. 了解血细胞分析仪现场维护工作流程。	能够维护血细胞分析仪。

3.3.3 任务准备

3.3.3.1 维护准备

（1）准备工具

① 常用拆卸工具：十字螺丝刀、一字螺丝刀、剪钳、内六角螺丝刀、扎带。

② 探头液。

③ 5mL 一次性注射器一个。

④ 7μm 标粒、质控或校准物以及对应靶值。

（2）现场维护步骤

现场维护步骤如图 3-11 所示。

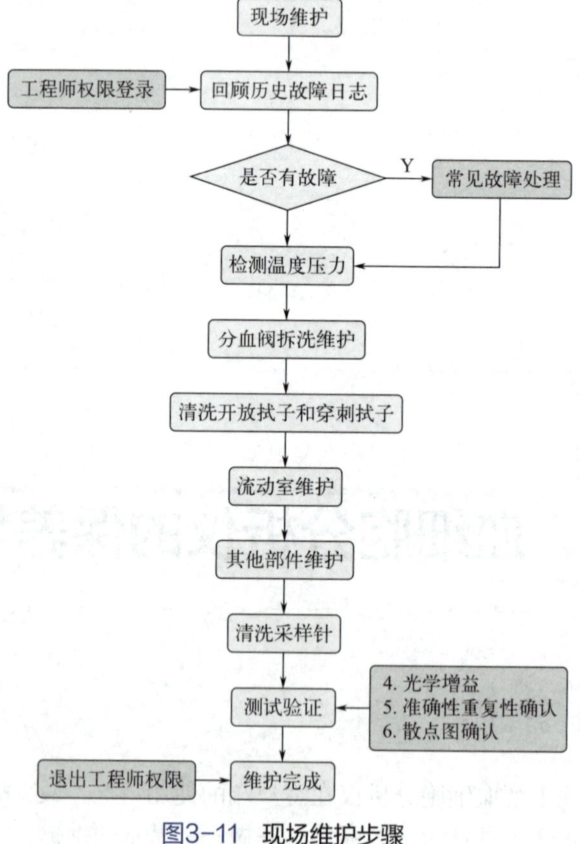

图3-11 现场维护步骤

3.3.3.2 分析前保养

① 检查仪器所处环境，应满足必要的温度、湿度。

② 检查电源电压。

③ 检查试剂管路连接状况良好，有充足的试剂；倒空废液等。

3.3.3.3 定期保养

① 用稀释液执行开机程序，用清洗液执行关机程序。

② 若每天正常关机，3 天进行一次“探头清洗液浸泡”操作。

③ 若 24 小时开机使用，应每天进行一次“探头清洗液浸泡”操作。

④ 每月对吸样针位置进行校正。

⑤ 定期检查、清洗滤网，每半年要更换真空过滤网。

3.3.3.4　常规维护

（1）检测器维护

全自动血细胞分析仪为自动保养，半自动血细胞分析仪则应每天关机前按说明书要求对小孔管的微孔进行清理冲洗。任何情况下都必须使小孔管浸泡于新的稀释液中。按厂家要求定时按不同方式清洗检测器：计数期间，每测完一批样本，按几次反冲装置，以冲掉沉淀的变性蛋白质；每日清洗工作完毕，用清洗剂清洗检测器 3 次，并把检测器浸泡在清洗剂中；定期卸下检测器，用 3% ～ 5% 次氯酸钠溶液浸泡清洗，再用放大镜观察微孔的清洁度。

（2）液路维护

清洗时在样本杯中加 20mL 机器专用清洗液，按动几次计数键，使比色池和定量装置及管路内充满清洗液，然后停机浸泡一夜，再换用稀释液反复冲洗后即可使用。

（3）机械传动部分维护

先清理机械传动装置周围的灰尘和污物，再按要求加润滑油，防止机械疲劳和磨损。

3.3.3.5　维护项目

（1）分血阀拆洗维护

① 关闭气源，在分血阀下面放置一块干布，以便及时擦除试剂残液和拆卸时溢出的液体。

② 将残液盘从分血阀下拉出，并用清水清洗，除去异物。

③ 向下移动开放进样拭子托架，直至拭子脱离开放进样吸样针。

④ 逆时针旋转拆下弹簧手柄，将分血阀的外片和中片分别拆下，如图 3-12 所示。

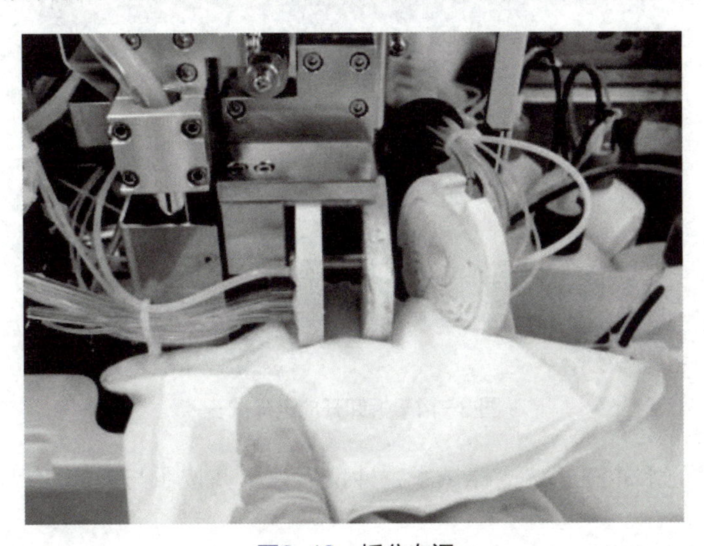

图3-12　拆分血阀

⑤ 用注射器吸取探头液注入外片、中片和内片的孔和沟槽中，轻轻刷洗孔和沟槽，如图 3-13 所示。

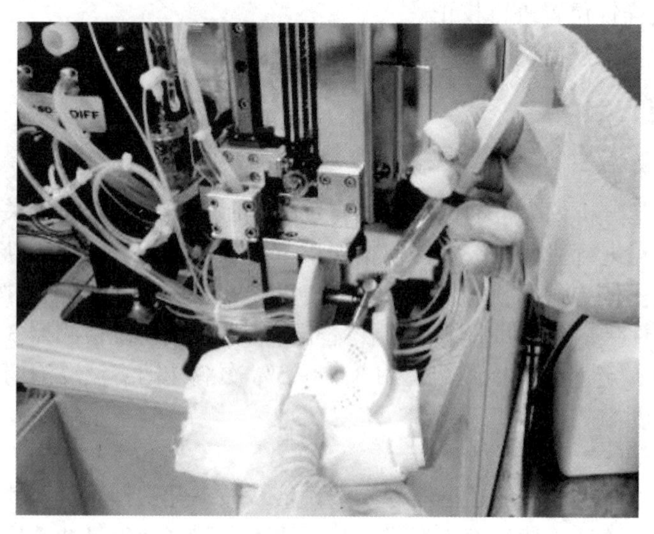

图3-13　用探头液刷洗沟槽

⑥ 用干净的不掉毛的湿布蘸探头液擦净三片之间的结合面，并用蒸馏水冲洗。

⑦ 重新安装好分血阀。注意中片手柄朝向机器，中片圆弧切面朝上，同时安装好后将分血阀手柄拨到上位。

（2）开放拭子和穿刺拭子清洗

① 将拭子托架向下拉到不能移动为止，并从吸样针上轻轻移去开放进样拭子。

② 将开放进样拭子从托架上分离，并拔掉与拭子相连的胶管，如图 3-14 所示。

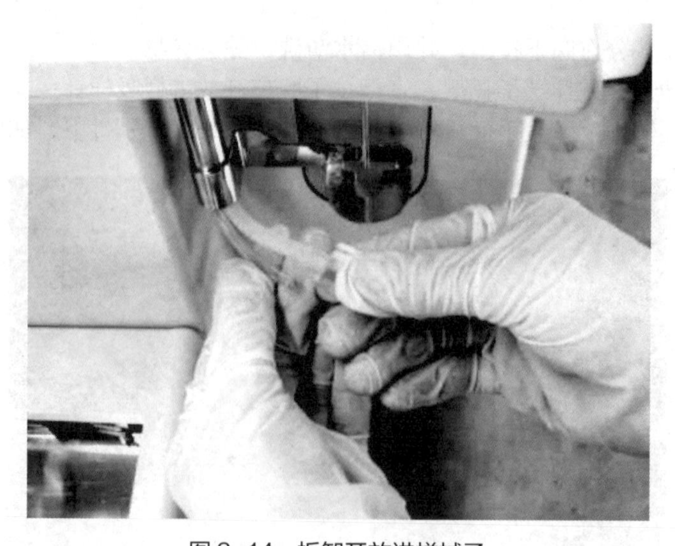

图 3-14　拆卸开放进样拭子

③ 用干净的水冲洗开放进样拭子，冲洗后擦干并按照与拆卸相反的顺序安装好拭子。

④ 用干净的布蘸上清水擦洗穿刺拭子和穿刺针外壁，如图 3-15 所示。

图3-15　擦洗穿刺拭子

（3）流动室维护

① 到“服务”—“保养”界面，点击“流动室”，用探头液对流动室进行维护，如图 3-16 所示。

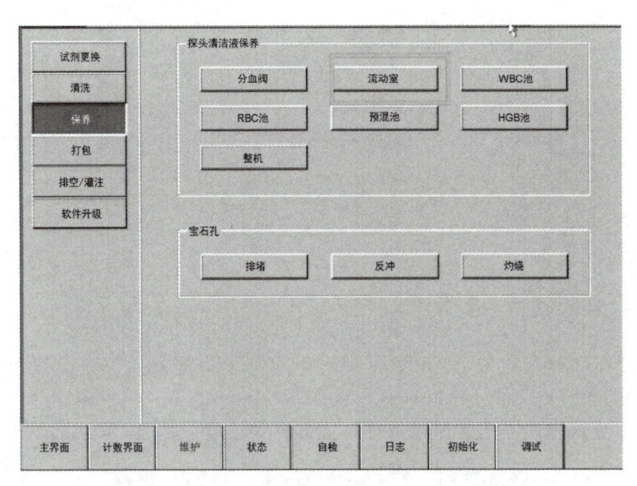

图3-16　探头液抽洗流动室操作界面

② 清洁流动室外壁　打开光学屏蔽盒，用擦镜纸（医院一般都有）包裹着棉签，以同一方向由流动室中心往外擦的擦拭方式，对流动室外壁进行清洁。注意：小心操作，不要碰到光阑。

3.3.4　思政小课堂

仔细观察，在操作过程中为什么要戴一次性手套？对我们今后工作有哪些启示？

____

____

____

3.3.5 任务实施

请仔细阅读【任务准备】回答下列问题。

1. 血细胞分析仪维护时所需携带工具和消耗品有哪些？

2. 血细胞分析仪现场维护工作包括哪些？

学习笔记

实训任务单

1. 分血阀拆洗维护

2. 开放拭子和穿刺拭子清洗

3. 流动室维护

3.3.6 任务评价

小组内部进行自评，其他小组进行互评，然后由老师进行点评，评价结果写在下面文本框内。

评价意见

小组内部意见

其他小组意见

教师点评

项目巩固

血细胞分析仪是常用的临床检验仪器，主要功能是完成血细胞的分类和计数，为临床疾病诊断提供依据。变阻脉冲法是血细胞计数的基本原理，应该牢固掌握，并对其基本构成的各个功能特点有较深刻的理解。而白细胞五分类技术则是现代血细胞分析仪的主要应用技术，应能分析比较各类方法的特点。熟悉血细胞分析仪的原理与结构理论知识，为从事血细胞分析仪应用、安装、维护、保养工作提供技能保障。熟悉血细胞分析仪维护的工作流程，知晓维护准备工具，是工程师维护、医学技师使用的基本功。常规维护内容主要包括分血阀拆洗维护、拭子清洗以及流动室维护。

学习笔记

项目学习成果评价

请根据下表要求对本活动中的工作和学习情况进行打分。

项目	项目要求		配分	评分细则	得分
职业素养（20）	纪律情况（5）	按时到岗，不早退	1	违反规定，每次扣1分	
		积极思考，回答问题	2	根据上课统计情况得0～2分	
		三有（有工作页、笔、书）	1	违反规定每项扣0.3分	
		完成任务情况	1	根据完成任务进度扣0～1分	
	职业道德（10）	能与他人合作	3	不符合要求不得分	
		主动帮助同学	3	能主动帮助他人得3分	
		认真、仔细、有责任心	4	对工作精益求精且效果明显得4分，对工作认真得3分，其余不得分	
	卫生意识（5）		5	保持良好卫生，地面、桌面整洁得5分，否则不得分	
职业能力（60）	识读任务书（10）	案例认知	10	能全部掌握得10分，部分掌握得5～8分，不清楚不得分	
	资料收集（20）	收集、查阅、检索能力	20	资料查找正确得20分，不完整得13～18分，不正确不得分	
	任务分析（30）	语言表达能力、沟通能力、分析能力、团队协作能力	30	语言表达准确且具有针对性。分析全面正确得30分，不完整得10～28分	
工作页完成情况（20）	按时完成工作页	按时提交	5	按时提交得5分，迟交不得分	
		内容完成程度	5	按完成情况分别得1～5分	
		回答准确率	5	视准确率情况分别得1～5分	
		有独到见解	5	视见解程度分别得1～5分	
总分					

学生总结：

项目4
尿液分析仪

项目导读

本项目主要介绍尿液分析仪，包括检测尿液中某些化学成分的尿液化学分析仪和检测尿液中有形成分（血细胞、白细胞、巨噬细胞等）的尿沉渣分析仪。通过学习其发展、临床应用、工作原理、基本结构、保养与维护等内容，为今后从事尿液分析仪相关生产、使用、维护、销售等工作奠定基础。

项目学习目标

素养目标	知识目标	能力目标
1. 培养学生严谨细致的工作作风； 2. 培养学生认真学习、善于思考的能力； 3. 提高学生认真、仔细辨析故障的能力。	1. 掌握尿液化学分析仪和尿沉渣分析仪的工作原理； 2. 掌握尿液化学分析仪和尿沉渣分析仪的基本结构。	1. 能够对尿液分析仪进行安装； 2. 能够对尿液分析仪进行保养和常见故障维护。

情景引入

尿液是血液流经肾脏后经肾小球滤过、肾小管重吸收与分泌而形成的。肾小球基底膜的毛细血管壁可以允许血液中的水、离子、糖、尿素以及小分子蛋白质自由通过，但是其中大部分又被肾小管重吸收入血。每天肾小球滤过约180L的液体，而其中99%均被肾小管重吸收，所以，成年人实际每天（24小时）的尿量为1000～2000mL。生成的尿液经过肾盂、输尿管进入膀胱暂存，最后经尿道排出体外。尿液成分及其含量的改变不仅受泌尿系统、生殖系统的影响，而且与血液循环、内分泌、消化、代谢、呼吸等系统的生理或病理变化有关。

问题思考：大家做过尿常规检查吗？你能说出尿液检查可以检查哪些指标吗？

记一记

任务 4.1 尿液分析仪基础知识认知

4.1.1 任务描述

某患者 3 天前无明显诱因发生尿频、尿急、尿痛，无肉眼血尿，不肿，无腰痛，不发热，因怕排尿疼痛而不敢多喝水，服止痛药症状仍不好转。

经问诊及查体后，建议做尿常规检验和尿液有形成分分析，诊断为急性泌尿系统感染（膀胱炎）。医生建议进行抗感染治疗，注意卫生，配合多饮水，一周后治愈。

1. 案例中尿液检查的项目有哪些？

____

____

____

2. 检查项目的仪器是否相同？

____

____

____

3. 你知道检查仪器的名称吗？

____

____

____

4.1.2 任务学习目标

素养目标	知识目标	技能目标
1. 培养学生严谨细致的工作作风； 2. 培养学生认真学习、善于思考的能力。	1. 掌握尿液化学分析仪和尿沉渣分析仪的检测原理； 2. 掌握尿液化学分析仪和尿沉渣分析仪的基本结构。	能够介绍尿液分析仪的基本概况。

4.1.3 任务准备

4.1.3.1 尿液化学分析仪

4.1.3.1.1 尿液化学分析仪的发展

干化学尿液分析仪是测定尿液中某些化学成分的自动化仪器，是医学实验室尿液自动化检查的重要工具。20 世纪 50 年代即有人采用单一干化学试剂带法测定尿液中的蛋白质和糖。60 年代，世界上许多公司开始研制生产尿液干化学试剂带，如德国宝灵曼公司于 1964 年推出 Combur-Test 试剂带。70 年代，随着自动化程度不断提高，半自动尿液化学分析仪问世，替代了原来的肉眼观察，减少了检测结果的人为误差，提高了检测的敏感度和特异性。到了 80 年代中期，由于计算机技术的高度发展和广泛使用，尿液化学分析仪的自动化得到迅猛发展，由半自动发展到了全自动。

我国尿液干化学试剂带的研制始于 20 世纪 60 年代，1985 年广西桂林市医疗电子仪器厂从日本引进了当时先进的 MA-4210 型尿液自动分析仪和专用试剂带的生产技术和设备，经过我国专家几年的努力，于 1990 年达到了全部国产化。

随着电子技术及计算机技术的发展，尿液化学分析仪也不断地改进与发展，自动化程度提高、检测速度加快、准确性提高、检测项目也不断增多，在各类大中小型医院都得到了普及。

试一试

上网查阅资料，了解尿液化学分析仪的分类。

4.1.3.1.2　尿液化学分析仪的临床应用

尿液化学分析仪的检查项目包括：酸碱度（pH）、尿蛋白（PRO）、葡萄糖（GLU）、尿酮体（KET）、胆红素（BIL）、尿胆原（URO）、红细胞或血红蛋白或隐血（ERY 或 HB）、亚硝酸盐（NIT）、白细胞（WBC）、尿比密（SG）、颜色或维生素 C、浊度。

尿液检查通过了解泌尿系统的生理功能、病理变化，可间接反映全身多脏器及系统的功能。

尿液化学成分检查的用途：

① 泌尿系统疾病的诊断与疗效观察　如炎症、结核、结石、肿瘤。

② 协助其他系统疾病的诊断　如糖尿病、胰腺炎、黄疸、重金属中毒、库欣病、嗜铬细胞瘤。

③ 安全用药监护。

④ 产科及妇科疾患的诊断　如妊娠、绒毛膜癌、葡萄胎。

4.1.3.1.3　尿液化学分析仪的基本原理

尿液化学分析仪工作原理的本质是反应物对光的吸收和反射。将液体样品（尿液）直接加到已固化不同试剂的多联试剂带上，尿液中相应的化学成分使多联试剂带上各种含特殊试剂的模块发生颜色变化，颜色的深浅与尿液中特定化学成分浓度成正比；将多联试剂带置于尿液化学分析仪比色进样槽中，各模块依次受到仪器光源照射并产生不同的反射光，仪器接收不同强度的光信号后将其转换为相应的电信号，再经微处理器计算出各测试项目的反射率，然后与标准曲线比较后校正为测定值，最后以定性或半定量方式自动打印出结果。测试原理如图 4-1 所示。

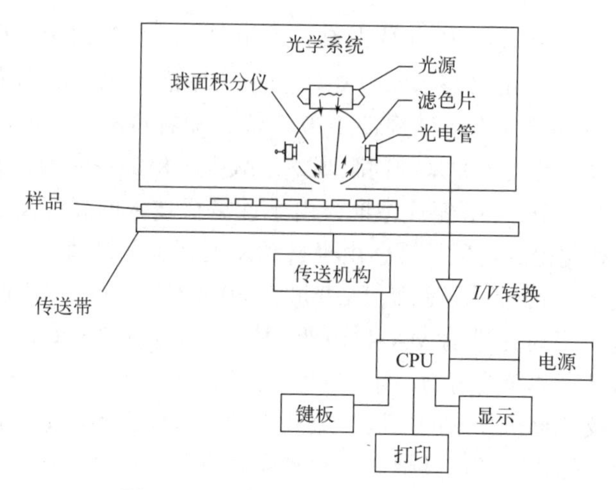

图4-1 尿液化学分析仪的测试原理

4.1.3.1.4 多联试剂带

目前，尿液化学分析仪的检测离不开诊断试剂——多联试剂带。多联试剂带是将多种检测项目的试剂块按一定间隔、顺序固定在同一条带上的试带，其浸入尿液可同时测定多个项目。多联试剂带的基本结构如图 4-2 所示，采用了多层膜结构：第一层尼龙膜起保护作用，防止大分子物质对反应的污染；第二层是绒制层，包括碘酸盐层和试剂层，碘酸盐层可破坏维生素 C 等干扰物质，试剂层可与尿液中所测定的物质发生化学反应；第三层是固有试剂的吸水层，可使尿液均匀、快速地浸入，并能抑制尿液流到相邻反应区；最后一层选取尿液不浸润的塑料片作为支持体。有些试剂带无碘酸盐层，但增加了一块检测维生素 C 的试剂块，以进行某些项目的校正。

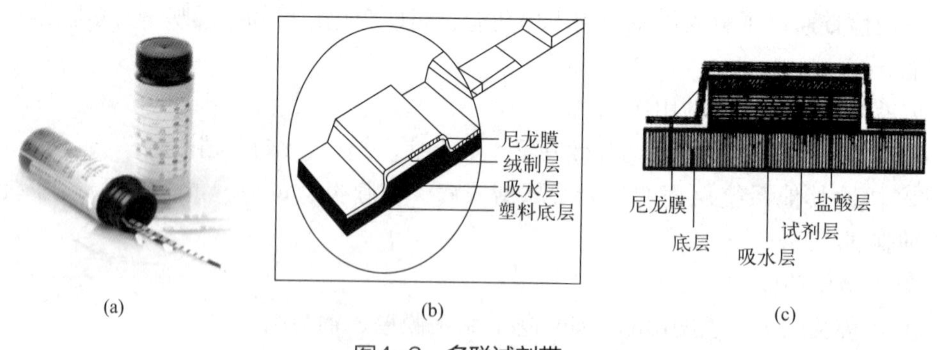

图4-2 多联试剂带

不同型号的尿液化学分析仪使用其配套的专用试剂带，且测试项目试剂块的排列顺序是不相同的。通常情况下，试剂带上的试剂块要比测试项目多一个空白块，有的甚至多一个参考块，又称固定块。空白块的目的是消除尿液本身的颜色在试剂块上分布不均等所产生的测试误差，以提高测试准确性；固定块的目的是在测试过程中使每次测定试剂块的位置准确，减少由此而引起的误差。

尿液化学分析仪的测试原理如图 4-3 所示，其过程为：根据待测成分浓度变化—引起试剂带颜色变化—利用仪器光吸收—光反射—通过计算反射率—得出待测成分结果。

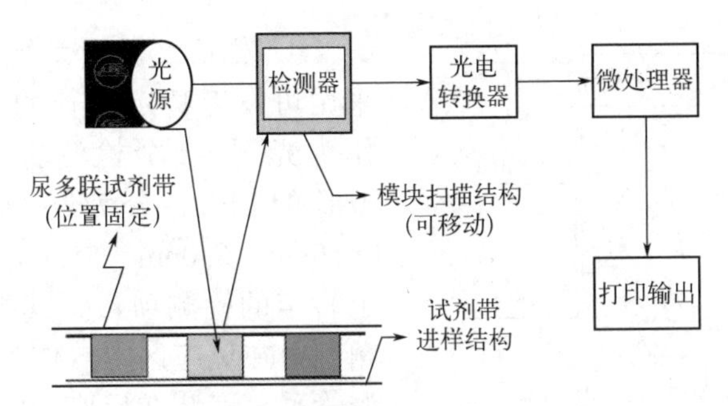

图4-3　尿液化学分析仪测试原理

4.1.3.1.5　尿液化学分析仪的基本组成

尿液化学分析仪通常由机械系统、光学系统和电路系统三部分组成。

（1）机械系统

半自动尿液化学分析仪如图 4-4 所示，比较简单，主要有两类：一类是试剂带架式，将试剂带放入试剂带架的槽内，传送试剂带架到光学系统进行检测，或光学驱动器运动到试剂带上进行检测后自动回位，此类分析仪测试速度缓慢；另一类是试剂带传送带式，将试剂带放入试纸条架内，传送装置或机械手将试剂带传送到光学系统内进行检测，检测完毕后将试剂带送到废料箱，此类分析仪测试速度较快。

图4-4　半自动尿液化学分析仪

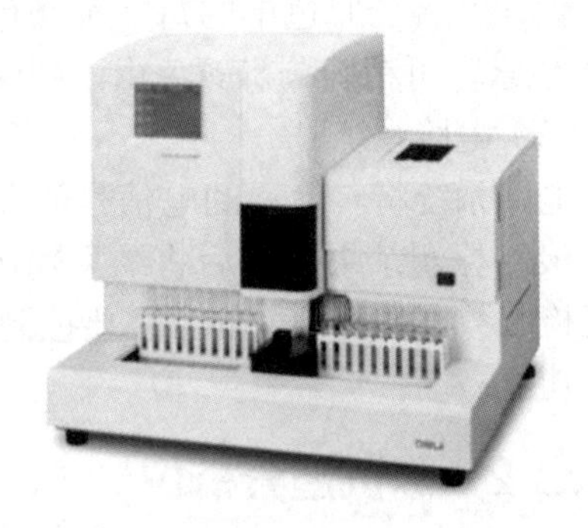

图4-5　全自动尿液化学分析仪

全自动尿液化学分析仪如图 4-5 所示，比较复杂，主要有两类：一类是浸式加样，由试剂带传送装置、采样装置和测量测试装置组成。这类分析仪首先由机械手取出试剂带，将试剂带浸入尿液中，之后再将其放入测量系统内进行检测。此类分析仪需要足够量的尿液。另一类是点式加样，由试剂带传送装置、采样装置、加样装置和测量装置组成。这类分析仪首先由加样装置吸取尿液标本，同时由试剂带传送装置将试剂带送入测量系统，之后加样装置将尿液加到试剂带上，再进行检测。此类分析仪只需 2.0mL 尿液。

（2）光学系统

光学系统一般包括光源（发光二极管系统）、单色处理（滤光片分光系统）和光电转换（电荷耦合器件系统）三部分。光线照射到反应物表面产生反射光，反射光的强度与各个项目的反应颜色成比例关系。不同强度的反射光再经过光电转换器件转换为电信号并送到放大器进行处理，如图 4-6 所示。

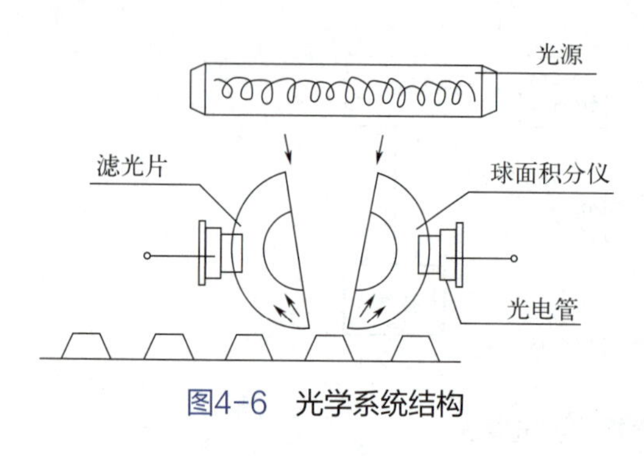

图4-6 光学系统结构

① 发光二极管系统 发光二极管系统采用可发射特定波长的发光二极管（LED）作为光源，2个检测头上都包括3个不同波长的LED，分为红、橙、绿三种单色光（660nm、620nm、555nm），以对应试剂带上特定的检测项目，其相对于检测面以60°角照射在反应区上。作为光电转换的光电二极管垂直安装在反应区的上方，在检测光照射的同时接收反射光。因光路近，无信号衰减，所以使用光强度较小的LED也能得到较强的光信号。同时LED光源具有单色性好、灵敏度高的优点。

② 滤光片分光系统 滤光片分光系统采用高亮度的卤钨灯作为光源，用光导纤维传导至2个检测头。每个检测头上有包括空白补偿的11个检测位置，入射光以45°角照射在反应区上。反射光通过固定在反应区正上方的一组光纤传导至滤光片进行分光处理，从510～690nm分为10个波长，单色化之后的光信号再经光电二极管转换为电信号。试剂带无空白块时，仪器采用双波长来消除尿液颜色的影响。

③ 电荷耦合器件系统 电荷耦合器件系统通常采用高压氙灯或发光二极管作为光源，采用电荷耦光源球面积分合器件技术进行光电转换，把反射光分解为红、绿、蓝三原色，又将三原色中的每一种颜色细分为2592色素，这样，整个反射光分光电管为7776色素，可精确分辨颜色由浅到深的各种微小变化。

（3）电路系统

电路系统将转换后的电信号放大，经模/数转换后送中央处理器（CPU）处理，计算出最终检测结果，然后将结果输出到屏幕显示并送打印机打印。CPU的作用不只是负责检测数据的处理，而且还要控制整个机械系统和光学系统的运作，并通过软件实现多种功能。

4.1.3.2 尿沉渣分析仪

4.1.3.2.1 尿沉渣分析仪的发展

1948年，苏格兰医师Addis介绍了尿液的收集和计数池的使用方法，从此尿液显微镜检查成为评估患者相关疾病的检测项目之一。1983年，美国国际遥控影像系统有限公司研制生产了世界上第一台“Yollow IRIS”高速摄像机式的尿沉渣自动分析仪，简称Y-1尿自动分析仪，这种仪器是将标本的粒子影像展示在计算机的屏幕上，由检验人员加以鉴别。1990年，美国国际遥控影像系统有限公司与日本东亚医疗电子有限公司合作，对原有的尿沉渣分析仪进行改进，生产出影像流式细胞术的UA-1000型尿沉渣自动分析仪，随后又生产了UA-2000型尿沉渣自动分析仪。中国尿沉渣全自动分析仪生产始于21世纪，2002年8月，长沙爱威科技股份有限公司将“机器视觉”技术应用于临床显微镜镜检，并开发生产出AVE-76系列尿沉渣分析仪。该分析仪的尿液标本经自动进样系统自动混匀后充入流动计数池，全自动显微镜通过对计数池前后左右移动、调焦距、高低倍物镜转换、调聚光镜等动作，仿照人的视觉系统对计数池的有形实物目标进行采集、捕捉、定位、识别，计算机对采集到的目标特征进行处理、统计分析，并与计算机系统中已经建立的各种有形成分特征模型数据进行运算拟合，得出有形成分结果，整体过程实现了镜检过程全自动化。

目前，很多医院应用的是一套标准化的尿液分析流程，利用计算机软件将尿液化学分析仪和尿沉渣分析仪联合使用，从而构成全自动尿液分析仪流水线。如日本 Sysmex 公司与 Arkray 公司联合推出的全自动尿液分析仪流水线，如图 4-7 所示。

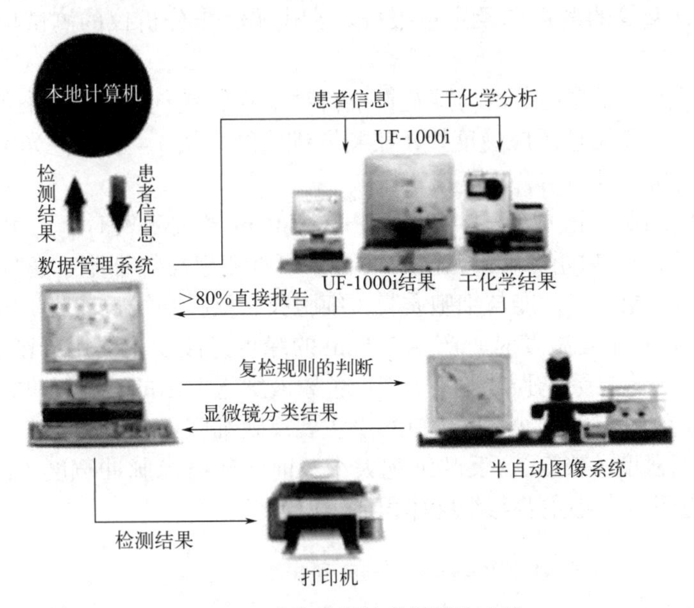

图4-7 全自动尿液分析仪流水线

4.1.3.2.2 流式尿沉渣分析仪的临床应用

尿沉渣分析仪的检测项目包括红细胞、白细胞、上皮细胞、类酵母细胞、管型、细菌、真菌、结晶、药物和精子等。

尿沉渣检查的用途：

① 红细胞 尿沉渣红细胞数量可帮助诊断和鉴别诊断血尿有关疾病，如肾炎、膀胱炎、肾结核、肾结石等。

② 白细胞与细菌 尿沉渣白细胞数量可协助诊断和鉴别诊断泌尿系统的感染、膀胱炎、结核、肿瘤等疾病。

③ 上皮细胞 尿沉渣分析仪能给出上皮细胞的定量结果，并标记出是否含有小圆上皮细胞。当上皮细胞数量明显增多时，须用显微镜检查尿沉渣进行准确分类。

④ 管型 正常尿液中可见极少量的透明管型，管型对诊断肾脏实质性病变有重要价值。

⑤ 其他 当仪器提示有酵母细胞、精子细胞和结晶时，均应离心镜检。电导率反映尿液中粒子的电荷，仅代表总粒子中带电荷的部分即电解质，与反映尿液中粒子总数量的尿渗量既有关系又有差别。

4.1.3.2.3 流式尿沉渣分析仪的基本原理

在全自动流式尿沉渣分析仪检测分析中，应用了流式细胞技术和电阻抗分析的原理，尿液中的细胞等经荧光色素染色后，在鞘流液的作用下形成单个、纵列细胞流，细胞快速通过氩激光检测区，仪器检测荧光、散射光和电阻抗的变化；仪器在捕获了荧光强度（fluorescent light intensity，FI）、前向荧光脉冲宽度（forward fluorescent light intensity width，FLW）、前向散射光强度（forward scattered light intensity，FSC）、前向散射光脉冲宽度（forward scattered light intensity width，FSCW）、电阻抗信号后，综合识别和计算得到相应细胞的大小、长度、体积和染色质长度等资料，并做出红细胞、白细胞、细菌和管型等的散点图及定量报告。流式尿沉渣分析仪的测试项目及原理如图4-8所示。

在测试分析前，需先用菲啶与羰花青染料对尿液中有形成分进行染色。这两种染料有着共同的特性，那就是反应速度快（染料同细胞结合快）、背景荧光低、细胞发射的荧光强度与细胞和染料的结合程度成正比。

菲啶主要使细胞核酸成分DNA着色，在480nm光波激发时，产生610nm的橙黄色光波，用于区分有核的细胞和无核的细胞，如白细胞与红细胞、病理管型与透明管型。羰花青的穿透能力强，能与细胞质膜（细胞膜、核膜和线粒体膜）的脂质成分发生结合，在460mm的光波激发时，产生505nm的绿色光波，主要用于区别细胞的大小，如上皮细胞与白细胞。荧光强度（FI）指染色尿液细胞发出的荧光强度，主要反映细胞染色质的强度。前向荧光脉冲宽度（FLW）主要反映细胞染色质的长度。散射光强度主要指前向散射光强度（FSC），反映细胞大小。前向散射光脉冲宽度（FSCW）主要反映细胞长度。电阻抗大小主要与细胞体积成正比。

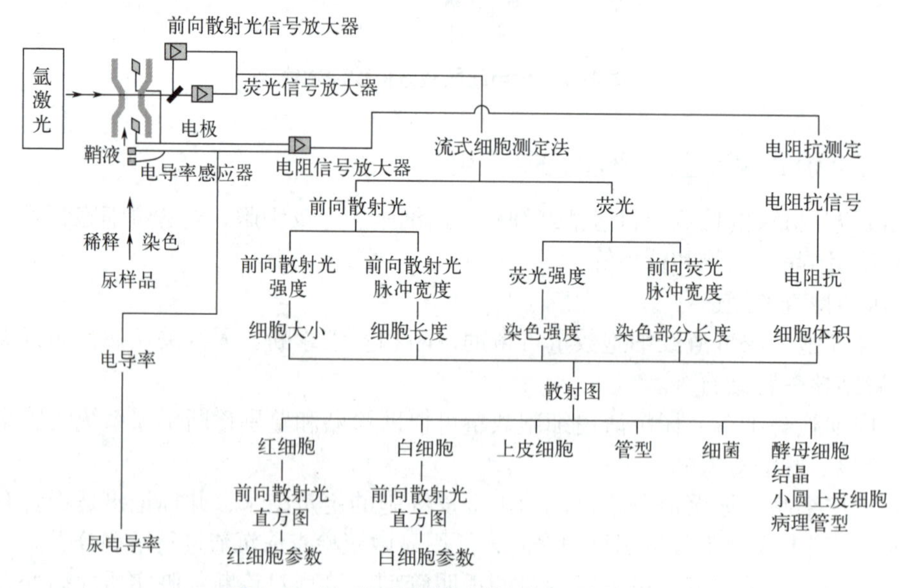

图4-8　流式尿沉渣分析仪测试项目及原理

4.1.3.2.4　流式尿沉渣分析仪的基本结构

流式尿沉渣分析仪一般包括光学系统、液压系统、电阻抗检测系统和电子系统四部分，如图4-9所示。

（1）光学系统

光学系统由激光源、激光反射系统、活动池、前向光采集器和前向光检测器组成。样品流到活动池，每个细胞被激光光束照射，产生前向散射光和前向荧光的光信号。散

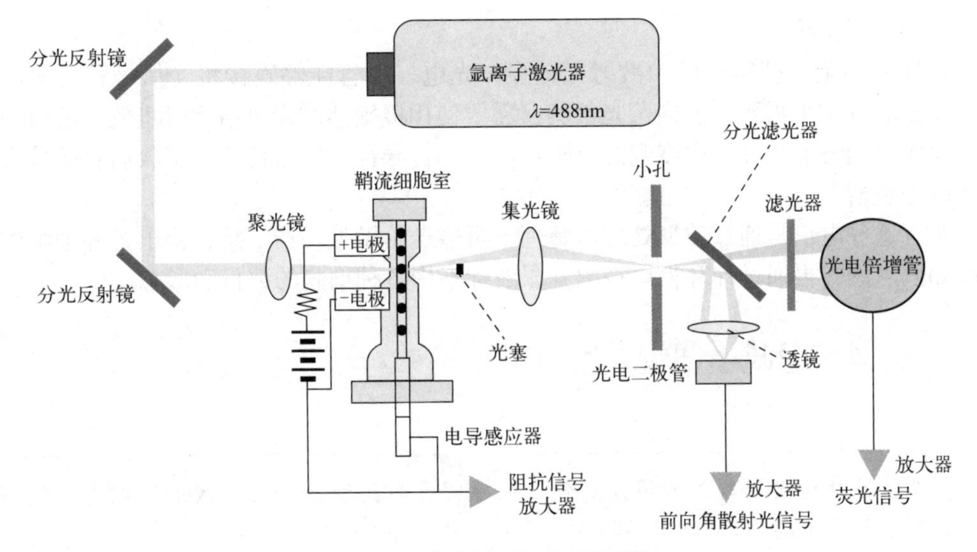

图4-9　**流式尿沉渣分析仪结构**

射光信号被光电二极管转变成电信号，输送给微处理器。仪器可以从散射光的强度得出所测定细胞大小的信息。荧光通过滤光片滤过一定波长的荧光后，输送到光电倍增管，将光信号放大再转变成电信号，然后输送到微处理器。

（2）液压（鞘液活动）系统

反应池中的染色标本随着真空作用被吸进鞘液活动池。为了使尿液细胞进入活动池不凝固成团，而是一个一个地通过加压的鞘液输送到活动池，鞘液形成一股液涡流，使染色的样品通过活动池的中心排成单个的纵列。这两种液体不相混合，这就保证了尿液细胞永远在鞘液中心通过。鞘液活动机制保证了细胞计数的正确性和可重复性。

（3）电阻抗检测系统

电阻抗检测系统包括测定尿液细胞体积的电阻抗系统和测定尿液电导率的传导系统。

测定电阻抗的原理是：当尿液细胞通过活动池（活动池前后有2个电极维持恒定的电流）小孔时，在电极之间产生的阻抗使电压发生变化。尿液细胞通过小孔时，细胞和稀释液之间存在着较大的传导性或阻抗的差异，阻抗的增加引起电压的变化，它与阻抗改变成正比。

假如在电极之间输出固定电流 I，则电压 V 和电阻 R 同时变化，即当细胞有较大阻抗通过小孔时，电压也增大。由于电压的不同主要是由细胞的体积所引起的，所以细胞体积和细胞数目信息可从电压这个脉冲信号中获得。

部分尿液标本可在低温时形成某些结晶，影响电阻抗测定的敏感性，得到不正确的分析结果。为了保证尿液标本传导性的稳定，采用下列措施：用稀释液稀释尿液标本。由于稀释液中含有乙二胺四乙酸（EDTA）盐化合物，可除去尿中所含的非晶型磷酸盐结晶；尿液标本在染色过程中，仪器将尿液和稀释液混合液加热到35℃，加热可以溶解尿液标本中的尿酸盐结晶，除去尿中结晶在电阻抗测定时引起的误差。

电阻抗检测系统的另一功能是测定尿液的电导率。测定电导率时采用电极法。样品进入活动池之前，在样品两侧的各个传导性传感器接收尿液样品中的电导率电信号，并将电信号放大直接送到微处理器。这种传导性与临床使用的尿渗量密切相关。

（4）电子系统

从样品细胞中获得的前向散射光较强，光电二极管能够直接将光信号转变成电信号。从样品细胞中得到的前向荧光很弱，需要使用极敏感的光电倍增管将放大的前向荧光转变成电信号。从样品中得到的电阻抗信号和传导性信号被传感器接收后直接放大输送给微处理器。

所有这些电信号通过波形处理器整理，再输送给微处理器汇总，得出每种细胞的直方图和散点图，再通过计算得出每微升尿液标本中各种细胞的数目和形态。

4.1.4 思政小课堂

仪器的结构设计与工作原理有什么联系呢？作为社会一员，我们应该怎样发挥一名合格大学生的作用？

____

____

____

4.1.5 任务实施

1. 尿液化学分析仪测试原理的本质是__________和__________。
2. 多联试剂带基本结构分为________、________、________、________。
3. 尿液化学分析仪的结构系统包括__________、__________、__________。
4. 简述流式尿沉渣分析仪的工作原理。

____

____

____

学习笔记

实训任务单

某医院购买某品牌全自动尿液分析仪流水线，假设你是该品牌尿液分析仪的售后工程师，公司派你到医院进行安装，并针对仪器的原理和结构对医务人员进行相关培训，你该如何介绍？

4.1.6 任务评价

小组内部进行自评，其他小组进行互评，然后由老师进行点评，评价结果写在下面文本框内。

评价意见

小组内部意见

其他小组意见

教师点评

任务 4.2 尿液分析仪的安装

4.2.1 任务描述

一般来讲，客户购买仪器后，厂家工程师要对客户购买的仪器进行安装和使用培训。尿液分析仪出厂前已经组装好，只需在客户安装地点将固定件和部分零配件进行安装，仪器就能正常使用。

4.2.2 任务学习目标

素养目标	知识目标	技能目标
1. 培养学生细致严谨的工作作风； 2. 培养学生认真学习、善于思考的能力。	1. 掌握尿液分析仪的安装操作； 2. 熟悉尿液分析仪安装过程的注意事项。	能够正确进行尿液分析仪的安装，做好售后服务工作。

4.2.3 任务准备

4.2.3.1 安装注意事项

① 为确保安全安装，以免因错误安装而造成人员受伤或仪器损坏，安装前一定要仔细阅读操作指导，小心操作。

② 装配前请先选好安置地点。

③ 如果有移动该仪器的需要，请在移动前将分析仪和样品供给部分开。否则，在搬动该仪器时可能会造成人员受伤或仪器严重损坏。搬运此仪器时，应有 2 人以上进行该项作业。

④ 仪器的背面和墙之间要始终保持 20cm 以上的距离。否则，仪器会过热，连接导管和连接负载过大进而可能引发火灾。

⑤ 连接到不适合的电源上会引起人员受伤或火灾，拆卸或变更仪器单元也会引起人员受伤或火灾。

⑥ 将该仪器置于稳定的无震动的水平面上。

⑦ 使仪器远离易受化学制品、腐蚀性气体或电器噪声影响的地方，远离水、直射阳光、冷凝或大风的环境。

⑧ 对于外部设备，仅用符合 EIA-RS-232C 接口标准的交叉缆线连接每一个设备，否则会引起触电事故或火灾。

⑨ 将仪器置于室温在 10 ～ 30℃之间、湿度为 20% ～ 80% 的房间内，否则可能会导致仪器无法正常工作。

4.2.3.2 连接样品供给部

① 取下前盖上的胶带。

② 打开保养罩，松开用以固定进纸器盖的螺钉（不必取下）。

③ 取下固定侧盖的螺钉，关闭进纸器盖。

④ 取下固定试纸条、进纸器的螺钉，关闭保养罩。

⑤ 取下固定前操作面板的螺钉，拉开前操作面板，取下固定胶带，取下固定喷嘴驱动单元的螺钉，然后关闭前操作面板，将取下的螺钉再次拧紧到前操作面板上。

⑥ 在仪器正面，松开固定接线盖的螺钉后将接线盖提起，露出连接器，再将螺钉暂时轻轻拧上。

⑦ 将样品供给部放在仪器的前面，样品供给部的连接器连接到刚才露出的连接器

（仪器的）上；取下固定地线的螺钉，将其穿过地线连接孔再拧回原处。

⑧ 将样品供给部的挂钩插进仪器的连接插孔并下压钩住，小心不要碰到电线（接地线、连接器线等）；将步骤⑥中的接线盖螺钉拧松，放下接线盖，拧紧固定螺钉。

⑨ 调整仪器底部的螺母，使样品供给部底部与工作台间相距 5mm 左右；取下样品供给部传送盘上部的橡胶帽（3 个），用十字螺丝刀顺时针旋转螺钉，直至其底部接触工作台面，装回橡胶帽；拉开喷嘴盖，调整 STAT 检测支架的螺钉使其接触到工作台面，关闭喷嘴盖。注意：当再次运送仪器时，仪器的每一部件均须用螺钉固定（过程恰好与上相反）。螺钉包含在附件箱内。

4.2.3.3 仪器开机前准备

① 尿液化学分析仪：操作者要检查试剂是否够用，废液桶是否已清空，管路有无弯折，连接是否可靠，试纸仓内是否有试纸条，主机的电源插头是否安全插入电源插座，确保系统准备就绪。

② 尿沉渣分析仪：操作者要检查试剂是否够用，废液桶是否已清空，管路有无弯折，连接是否可靠，主机的电源插头是否安全插入电源插座，确保系统准备就绪。

4.2.3.4 质控

① 尿液化学分析仪：把质控物倒入专用试管中，将其放入仪器待测样本区，点击“质控”进入“质控”界面，输入相关质控编号，再点击“执行质控”，待仪器完成质控检测后，如结果可控，仪器进入待机状态。

② 尿沉渣分析仪：把质控物倒入沉渣管中，将其放入仪器待测样本区，点击“质控”进入“质控”界面，再点击“执行质控”，待仪器完成质控检测后，如结果可控，仪器进入待机状态。

4.2.4 任务实施

1. 安装时，仪器的背面和墙之间要始终保持________cm 以上的距离。
2. 仪器使用时，室内温度__________，湿度__________。

学习笔记

实训任务单

对实验室全自动干化学尿液分析仪 UA-5800 进行安装。

1. 安装内容

2. 开机质控

3. 注意事项

4.2.5 任务评价

小组内部进行自评，其他小组进行互评，然后由老师进行点评，评价结果写在下面文本框内。

评价意见

小组内部意见

其他小组意见

教师点评

任务 4.3 尿液分析仪的保养与维护

4.3.1 任务描述

在尿液分析仪的常规保养和维护工作中，必须严格按一定的操作规程进行操作，否则会因使用不当而影响实验结果。因此，掌握临床尿液分析仪的保养与维护工作是医学工程师必备技能之一。

4.3.2 任务学习目标

素养目标	知识目标	技能目标
1. 培养学生细致严谨的工作作风； 2. 培养学生认真学习、善于思考的能力； 3. 提高学生认真、仔细辨析故障的能力。	1. 掌握尿液分析仪的日常保养； 2. 熟悉尿液分析仪的横向进样故障分析与解决方法。	能够完成尿液分析仪保养工作并可以解决横向进样故障。

4.3.3　任务准备

4.3.3.1　尿液化学分析仪的保养与维护

4.3.3.1.1　日常维护

① 操作尿液化学分析仪之前，应仔细阅读仪器说明书及尿试纸条说明书；每台尿液化学分析仪都应建立操作程序，并按其进行操作。

② 尿液化学分析仪要有专人负责，建立专用的仪器登记本，对每天仪器操作的情况、出现的问题以及维护、维修情况逐项登记。

③ 每天开机前，要对仪器进行全面检查（各种装置及废液装置、打印纸情况以及仪器是否需要校正等），确认无误时才能开机。测定完毕，要对仪器进行全面清理、保养。

④ 开瓶但未使用的尿试纸条，应立即收入瓶内盖好瓶盖。

4.3.3.1.2　保养

（1）每天保养

① 若 24 小时连续不关机使用，应每天执行一次“关机”或“保养”操作。

操作步骤：在试管中倒入适量保养液；在仪器静止的状态下，将试管架放置在干化学进样区位置；点击“维护”—“正常保养”，仪器自动执行正常保养操作。

② 试纸仓清理：发现试纸仓内有纸屑时，用棉签将其清理出去即可。

（2）每周保养

清洁试纸条托盘：掀开机器上面板，将侧面板向右翻出，翻出时注意不要碰到线路；然后将试纸仓向右翻转，取出托盘，用清水将托盘清洗干净，自然晾干或用吸水纸吸干或者用干净抹布擦干；将托盘放至托盘位，注意不要剐蹭到运纸带上的突起，如将突起卡掉则需整体更换运纸单元，最后分别将试纸仓复位，盖上侧面板和上面板即可。

（3）每月保养

① 清洁样本加载区、卸载区　样本可能会沾到自动进样器上，样本在试管架运行区域结晶后会阻碍试管架在自动进样器上的运行。当自动进样器沾上样本时，可用柔软的纸巾或纱布擦拭掉。如加载区、卸载区出现尿渍可用棉签蘸取 95% 的酒精擦拭。

② 清洁吸样针、拭子、排液杯　机器在长期使用中吸样针及排液杯会有少许溅液结晶的情况，在仪器的日常维护中需进行吸样针及排液杯的清理。

在清理过程中需要准备的工具包括无菌手套、棉签及 95% 酒精。具体操作为：掀开机器前盖，将吸样针从排液杯位拉出，用棉签蘸酒精擦拭吸样针、拭子、排液杯口及周边，尽量避免结晶等杂物掉落到排液杯内；擦拭完毕后，在有形成分软件中“设置”—“维护”界面，点击“清洗吸样针”，清洗 2 ～ 5 次即可。

若仪器长时间闲置（1 周以上），需对其进行排空操作：将试剂液瓶盖组件从试剂中拔出，不接触任何液体，此时点击“整机排空”。若闲置后重新启用，需对其进行整机灌注操作：将试剂液瓶盖组件连接相应试剂，并旋紧瓶盖组件，点击“整机灌注”。

当试剂余量不足、耗尽、过期或出现相关报警时，应及时更换新的试剂。首先更换清洗液 A ：取一桶新的试剂，打开试剂桶盖，将桶放在待更换的试剂桶旁边；逆时针方向旋开待更换的试剂桶盖，并小心地取下试剂桶盖组件；将试剂桶盖组件的导液管插入新的试剂桶内，顺时针方向旋紧试剂桶盖；将新试剂桶盖盖到旧试剂桶上，并妥善处理旧试剂桶。其次更换废液桶 B：取一只空废液桶，打开桶盖，将桶放到待更换的废液桶旁边；逆时针旋转旧废液桶的桶盖，小心取下桶盖组件；将旧废液桶的桶盖组件尽量垂直插入新的废液桶内，顺时针方向旋紧废液桶盖；将新废液桶盖盖到旧废液桶上，并妥善处理旧废液桶。

4.3.3.2 尿沉渣分析仪的保养与维护

4.3.3.2.1 保养

（1）每天保养

每天结束分析工作后，用清洗液清洗仪器管路，倒净废液，并用水清洗废液容器。

（2）每周保养

机器正常使用中会有灰尘落到计数池表面，影响拍照效果和判读，需要定期清理（一般半个月左右）。当软件提示“清理计数池”的对话框或实景图中看到有黑色斑点时，需手动进行计数池表面的清理。具体操作为：掀起机器的前面板，右手握住镜头同步轮使镜头偏离计数池方向，用棉签蘸 95% 酒精在计数池表面轻轻擦拭，擦拭时注意按一个方向从左向右擦 3 ～ 5 次，然后再用一根干棉签擦拭一遍，多通道设备需对所有通道进行擦拭。

4.3.3.2.2 维护

当试剂余量不足、耗尽、过期或出现相关报警时，应及时更换新的试剂。具体操作如下所述。

（1）更换清洗液 A、B

① 取一桶新的试剂，打开试剂桶盖，将桶放在待更换的试剂桶旁边。

② 逆时针方向旋开待更换的试剂桶盖，并小心取下试剂桶盖组件。

③ 将试剂桶盖组件的导液管插入新的试剂桶内，顺时针方向旋紧试剂桶盖。

④ 将新试剂桶盖盖到旧试剂桶上，并妥善处理旧试剂桶。

（2）更换保养液

① 取一瓶新的保养液，打开保养液瓶盖，将保养液放在待更换的保养液旁边。

② 逆时针方向旋开待更换的保养液瓶盖，并小心地取下保养液瓶盖组件。

③ 将保养液瓶盖组件的导液管插入新的保养液瓶内，顺时针方向旋紧保养液瓶盖。

④ 将新保养液瓶盖盖到旧保养液瓶上，并妥善处理旧保养液瓶。

（3）更换废液桶

① 取一只空废液桶，打开桶盖，将桶放到待更换的废液桶旁边。

② 逆时针旋开旧废液桶的桶盖，小心地取下桶盖组件。

③ 将旧废液桶的桶盖组件尽量垂直插入新的废液桶内，顺时针方向旋紧废液桶盖。

④ 将新废液桶盖盖到旧废液桶上，并妥善处理旧废液桶。

4.3.3.3 尿液分析仪常见故障分类

大多数器件长期使用后均会出现故障，了解仪器的故障和出现故障的原因对仪器故障的检查与维修有一定的帮助。

仪器的故障分为必然性故障和偶然性故障。必然性故障是指各种元器件、零部件经长期使用后，性能和结构发生老化，导致仪器无法进行正常的工作；偶然性故障是指各种元器件、结构等因受外界条件的影响，出现突发性质变，而使仪器不能进行正常的工作。

尿液分析仪出现的故障分为以下几类：

（1）人为引起的故障

这类故障是由操作不当引起的，一般多由操作人员对使用程序不熟练或不注意所造成的。故障轻者导致仪器不能正常工作，重者可能损害仪器。因此，操作人员在使用仪器前，必须熟读用户使用说明书，了解正确的操作步骤，慎重行事才能减少这类故障的发生。

（2）设备质量缺陷引起的故障

这类故障是指由仪器元器件质量不好、设计不合理、装配工艺上的疏忽造成的故障。

（3）长期使用后的故障

这类故障与元器件使用寿命有关，因各种元器件衰老所致，所以是必然性故障。如光电器件、显示器的老化，传送机械系统的逐渐磨损等。

（4）外因所致的故障

这类故障是由仪器设备的使用环境条件不符合要求所引起的，一般指的是电压、温度、电场、磁场及振动等。

4.3.3.4　尿液分析仪工作站常见故障处理

（1）横向进样故障处理

原因分析：尿液是开放式检验，有一定概率会洒落在仪器上，导致部分运动部件粘连。

报警信息：注意观察仪器报警的发出部位，优先查看软件右下角信息框，如图 4-10 所示。

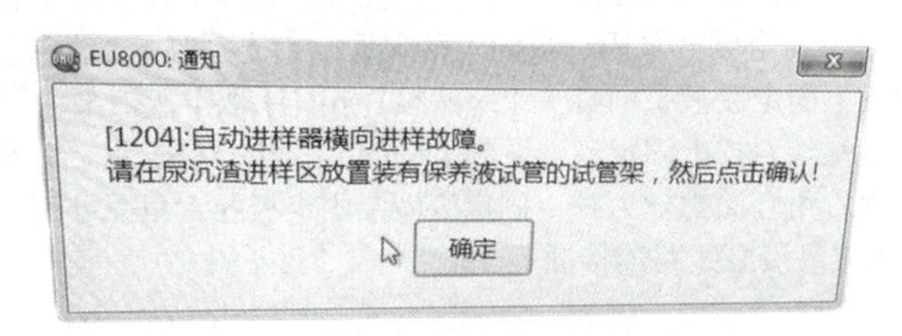

图4-10　仪器报警界面

处理方法：先将试管架向左拉出来，移出仪器左边，拨爪孔位有凸起螺钉，用棉签或其他物品将拨爪向左拉出方便清洁，如图 4-11 所示。

清洁部位：如图 4-12 中所示，首先按压图中 4 个标识部位观察其是否正常弹起，如若不能则需要用棉签蘸取高浓度酒精（建议 95% 以上）对其进行清洁，多次清洁后保证运动部件能够正常地弹起工作。

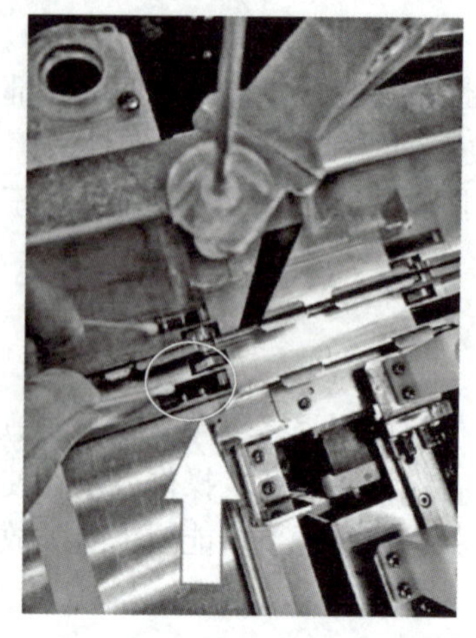

图4-11　横向进样故障处理示意图

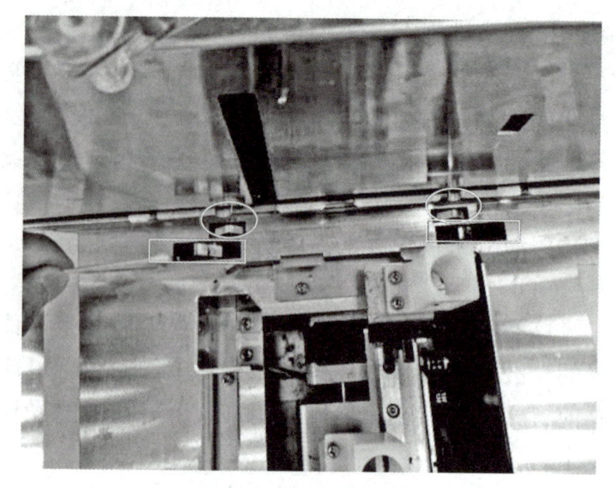

图4-12　清洁部位示意图

（2）采样注射器更换

操作步骤如下：①徒手拔开采样注射器连接管路；②用一字螺丝刀拧下注射器下方的活塞钮锁紧螺钉；③用十字螺丝刀拧掉固定块的盘头十字螺栓；④徒手取下固定块；⑤徒手取下采样注射器；⑥徒手装上新的采样注射器；⑦徒手装上固定块；⑧用十字螺丝刀拧上固定块的盘头十字螺栓；⑨用一字螺丝刀拧上注射器下方的活塞钮锁紧螺钉；⑩徒手接回采样注射器连接管路。

（3）电源组件故障处理

操作步骤如下：①徒手拔开电源连接插头；②用十字螺丝刀拧下固定防水罩的盘头十字螺栓；③徒手取下防水罩；④徒手拔开电源组件电路板上的插头；⑤用十字螺丝刀拧下固定电源组件的盘头十字螺栓；⑥徒手取下电源组件；⑦徒手装上新的电源组件；⑧用十字螺丝刀拧上固定电源组件的盘头十字螺栓；⑨徒手连接电源组件电路板上的插头；⑩徒手装上防水罩；⑪用十字螺丝刀拧上固定防水罩的盘头十字螺栓；⑫徒手连接电源连接插头。

（4）泵不工作故障处理

操作步骤如下：①徒手拔开废液泵线路连接插头；②徒手拔开废液泵管路；③用内六角套筒螺丝刀拧下固定废液泵固定板的六角螺母；④徒手取下废液泵支架和废液泵；⑤用十字螺丝刀拧下固定废液泵的盘头十字螺栓；⑥徒手取下废液泵；⑦徒手装回新的废液泵；⑧用十字螺丝刀拧上固定废液泵的盘头十字螺栓；⑨徒手一起装回废液泵支架和废液泵；⑩用内六角套筒螺丝刀拧上固定废液泵固定板的六角螺母；⑪徒手连接废液泵管路；⑫徒手连接废液泵线路连接插头。

4.3.4　任务实施

简述尿液化学分析仪和尿沉渣分析仪每天保养的内容及步骤。

实训任务单

以小组为单位，完成清洁吸样针、拭子、排液杯，以及横向进样故障处理任务。

准备工具：

任务分工安排：

操作记录：

操作步骤及遇到的问题：

以个人为单位，完成虚拟仿真操作采样注射器更换、电源组件故障处理、泵不工作故障处理。

4.3.5 任务评价

小组内部进行自评，其他小组进行互评，然后由老师进行点评，评价结果写在下面文本框内。

评价意见

小组内部意见

其他小组意见

教师点评

想一想

流式尿沉渣分析仪与流式血细胞分析仪的检测原理是否相同？

项目巩固

尿液分析仪通常是指尿液化学分析仪和尿沉渣分析仪两种，可以对尿液样本中化学成分和尿沉渣成分进行检测，完成尿常规检测。其主要结构包括光学系统、机械系统和电路系统，维护和保养工作包括日保养、周保养和定期维护，常见故障多发于机械系统，做好仪器的保养工作可以减少故障的发生。

项目学习成果评价评价

请根据下表要求对本活动中的工作和学习情况进行打分。

<table>
<tr><th>项目</th><th colspan="2">项目要求</th><th>配分</th><th>评分细则</th><th>得分</th></tr>
<tr><td rowspan="8">职业素养（20）</td><td rowspan="4">纪律情况（5）</td><td>按时到岗，不早退</td><td>1</td><td>违反规定，每次扣1分</td><td></td></tr>
<tr><td>积极思考，回答问题</td><td>2</td><td>根据上课统计情况得0~2分</td><td></td></tr>
<tr><td>三有（有工作页、笔、书）</td><td>1</td><td>违反规定每项扣0.3分</td><td></td></tr>
<tr><td>完成任务情况</td><td>1</td><td>根据完成任务进度扣0~1分</td><td></td></tr>
<tr><td rowspan="3">职业道德（10）</td><td>能与他人合作</td><td>3</td><td>不符合要求不得分</td><td></td></tr>
<tr><td>主动帮助同学</td><td>3</td><td>能主动帮助他人得3分</td><td></td></tr>
<tr><td>认真、仔细、有责任心</td><td>4</td><td>对工作精益求精且效果明显得4分，对工作认真得3分，其余不得分</td><td></td></tr>
<tr><td colspan="2">卫生意识（5）</td><td>5</td><td>保持良好卫生，地面、桌面整洁得5分，否则不得分</td><td></td></tr>
<tr><td rowspan="3">职业能力（60）</td><td>识读任务书（10）</td><td>案例认知</td><td>10</td><td>能全部掌握得10分，部分掌握得5~8分，不清楚不得分</td><td></td></tr>
<tr><td>资料收集（20）</td><td>收集、查阅、检索能力</td><td>20</td><td>资料查找正确得20分，不完整得13~18分，不正确不得分</td><td></td></tr>
<tr><td>任务分析（30）</td><td>语言表达能力、沟通能力、分析能力、团队协作能力</td><td>30</td><td>语言表达准确且具有针对性。分析全面正确得30分，不完整得10~28分</td><td></td></tr>
<tr><td rowspan="4">工作页完成情况（20）</td><td rowspan="4">按时完成工作页</td><td>按时提交</td><td>5</td><td>按时提交得5分，迟交不得分</td><td></td></tr>
<tr><td>内容完成程度</td><td>5</td><td>按完成情况分别得1~5分</td><td></td></tr>
<tr><td>回答准确率</td><td>5</td><td>视准确率情况分别得1~5分</td><td></td></tr>
<tr><td>有独到见解</td><td>5</td><td>视见解程度分别得1~5分</td><td></td></tr>
<tr><td colspan="5">总分</td><td></td></tr>
</table>

学生总结：

项目5 生化分析仪

项目导读

生化分析仪是临床检验常用的重要仪器之一，它通过对血液和其他体液的分析来测定各种生化指标。本项目主要介绍生化分析仪的发展、临床应用、工作原理、基本结构、安装、保养与维护，为今后从事相关工作奠定基础。

项目学习目标

素养目标	知识目标	能力目标
1. 培养学生吃苦耐劳、甘于奉献的精神； 2. 培养学生积极主动的工作态度； 3. 培养学生动手操作的能力。	1. 掌握生化分析仪工作原理； 2. 掌握生化分析仪的种类； 3. 掌握生化分析仪的基本结构。	1.能够操作生化分析仪； 2.能够完成生化分析仪日常维护工作。

情景引入

生化检查是常见的临床检查手段，检查项目一般包括血糖、血脂、肝功能、肾功能（尿素氮、二氧化碳结合力、肌酐、尿酸、尿微量蛋白）、离子、淀粉酶、心肌酶等。生化检查主要是诊断身体主要系统的指标，比如肝功能是检查肝胆消化系统的指标，可以提示这方面的疾病；肾功能是检查肾脏和泌尿系统的指标；心肌酶是检查心脏功能系统的指标；离子是检查血液中的钾、钠、氯、钙含量的指标。

问题思考：

1. 什么是生化检查？

2. 常用的生化检查仪器的名称是什么？

记一记

任务 5.1 生化分析仪基础知识认知

5.1.1 任务描述

生化分析仪是临床中常用的医用检验仪器，其种类繁多，可根据不同的分类标准分为不同的种类。如根据仪器自动化程度的高低可分为全自动和半自动两大类；按仪器同时可测定项目可分为单通道和多通道两类；按反应装置的结构特点可分为连续流动式、离心式和分立式三类；按仪器的复杂程度及功能可分为小型、中型和大型三类；按仪器的反应方式可分为液体和干式两类。生化分析仪的种类虽然很多，但它们的工作原理和主要结构大致相似，通过本任务的学习，希望同学们可以流利地向客户介绍仪器的原理和结构。

5.1.2 任务学习目标

素养目标	知识目标	技能目标
1. 培养学生吃苦耐劳、甘于奉献的精神； 2. 培养学生积极主动的工作态度。	1. 掌握生化分析仪的工作原理； 2. 掌握生化分析仪的种类； 3. 掌握生化分析仪的基本结构。	能够清楚表述生化分析仪的发展历程。

5.1.3 任务准备

5.1.3.1 生化分析仪的发展

（1）生化分析仪的萌芽阶段

早在 19 世纪初，已有医院的化验人员开始使用碘比色法检测血和尿的淀粉酶这项生化指标，20 世纪 20 年代开始检测血液中的胆红素，30 年代开始检测碱性磷酸酶。在这一阶段，样品和试剂等液体的吸取主要使用化学吸管（如图 5-1）、洗耳球（如图 5-2）等，然后再用手指调节吸液量至所需刻度，最后将充分反应后需要比色测定的液体逐个倒入比色杯，在光电比色计上逐个进行调零、比色、记录、计算，非常烦琐费时。20 世纪 50 年代，国外研制出了早期的生化分析仪（半自动化的比色计或分光光度计），仪器能自动完成一部分操作，实现了自动记录测试数据、自动计算测定结果和自动打印结果，但在分析过程中的部分操作（如加样、保温等）仍由手工完成，故称为半自动生化分析仪。

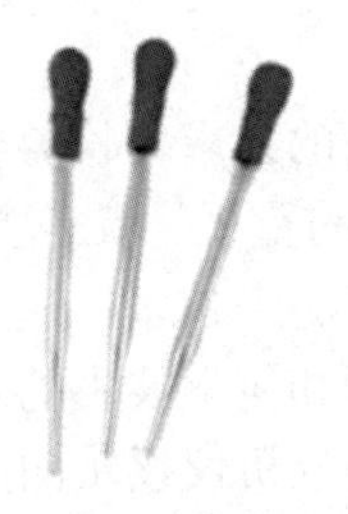

图5-1　化学吸管

图5-2　洗耳球

（2）生化分析仪的研究探索阶段

随着计算机技术的发展，在自动稀释器、自动比色计的组合中又加上计算分析功能，实现生化分析仪的自动化似乎水到渠成。但事实却十分复杂，首先遇到的难题是“除蛋白”问题，早期的生化分析需要去除血液中的蛋白质干扰后再测定其他物质。手工方法是加入蛋白质沉淀剂，离心或者过滤后取无蛋白液体进行测定，这一过程既费时又不能自动化。直到 1957 年，美国医师 Skeggs 等首次提出设计方案，由美国 Technicon 公司生产出第一台单通道、连续流动式自动生化分析仪，如图 5-3 所示。它通过比例泵将样本和试剂按比例地吸到连续的管道系统中，在管道系统内样本和试剂相结合完成混合、分离、保温反应、显色、比色等步骤，然后将所测得的吸光度变化做计算，将测试结果显示并打印输出。然而，该生化分析仪去蛋白过程缓慢费时，又存在样本与样本之间的污染和干扰等问题，同时还因为血液中的很多生物活性物质都是与蛋白质结合存在的，游离的物质含量很低，因此在去除蛋白质的同时也去除了很多应该检测的物质。所以这种测定方法既使得检测结果不准确，又让很多物质无法检测出，限制了生化测定物质的种类，未能推动生化分析仪自动化的进一步发展。直到 20 世纪 70 年代，随着生物化学反应方法和试剂的发展，特别是酶学测定方法的发展，彻底摒弃了血清除蛋白过程，血清或者血浆直接与试剂进行反应，这为自动生化分析仪的发展扫除了障碍，促使生化分析仪进入了快速发展期。

图5-3　连续流动式（管道式）自动生化分析仪

图5-4　全自动生化分析仪

（3）生化分析仪的快速发展阶段

20 世纪 70 年代后，生化分析仪进入了全自动化仪器的研制开发阶段，仪器的元器件不断进步，档次不断提高，检测精度和仪器自动化程度越来越高，各种设计新颖、技术先进的全自动生化分析仪陆续进入临床实验室。尤其是 20 世纪 90 年代以来，一些高检测速度、高度自动化、多功能组合的大型生化分析仪已成为现代化实验室的主流，成为检验医学发展现代化的重要标志。另外，在这个发展阶段，生化分析仪开始引入免疫化学、发光化学、电化学、干式化学等原理和方法，发展为大型的综合性全自动生化分析仪，如图 5-4 所示。

（4）生化分析仪的未来发展趋势

随着人类生活质量的不断提高，人们对健康有更高的追求，检验仪器作为探测人体健康或疾病状态的最主要手段之一，越来越受到人们的重视，无论是患者还是健康体检者都希望尽可能全面彻底地检查，要求检查的项目也越来越多，这是检验医学发展的原动力。随着计算机技术、自动控制技术、新材料技术和化学技术的发展，检验仪器设备、检验项目和技术方法取得了突飞猛进的发展，生化分析仪逐步向高度自动化、多技术多功能联合、大型数字化方向发展。生化分析仪流水线如图 5-5 所示。此外，生物传感器技术、生物芯片技术、蛋白质谱仪等分子生物学技术和仪器的发展已经逐步从基础研究走向临床，给蛋白质和核酸的临床检测将带来革命性变化，使临床诊断深入分子水平，尤其是对肿瘤的早期诊断和预警具有重要意义，使疾病能够得到早期治疗或早期干预。

图5-5　生化分析仪流水线

5.1.3.2　生化分析仪的临床应用

自动生化分析仪的应用范围包括可测试的生化项目、其他项目、反应的类型及分析方法的种类等。应用范围广的分析仪不仅能测多种临床生化检验指标，而且还可进行药物监测和各种特异蛋白的分析、微量元素测定等。生命体的任何生理反应过程都有生化反应的参与，生化检测在各种疾病的诊断和治疗中一直都占有重要的地位。特别是近年来，随着各种疾病发病、发展机制研究的不断深入，生化检测方法和技术的日益完善，分子生物学技术、免疫学技术和计算机技术广泛应用到生化检测中来，以及生化检测自动化的全面提高，许多特异性强、灵敏度高、对诊断或鉴别诊断价值较大的新的生化检测项目能够得以检测，为疾病的诊断和治疗提供了更客观、更敏感和更准确的生化指标。

生化分析仪的常用临床生化项目按化学性质可分为：酶类、底物代谢类、无机离子类和特种蛋白类。若按临床性质则大致可分为：肝功能检测、肾功能检测、心肌酶谱检测、糖尿病检测、胰腺炎检测、血脂检测、痛风检测和免疫性疾病检测。

临床上哪些疾病的诊断是借助生化分析仪的检测结果来判断的?

5.1.3.3　生化分析仪的工作原理

生化分析仪测定是基于吸收光谱分析的方法，采用光电比色法或分光光度法，即通过比较化学反应溶液颜色深浅的方法来确定有色溶液的浓度，对溶液中所含的物质进行定量分析，进而测得分析样本中的各项生化指标。

知识链接：

朗伯-比尔定律：溶液颜色的深浅与浓度之间的数量关系可以用吸收定律来描述，因为是由朗伯定律和比尔定律相结合而成的，所以又称朗伯-比尔（Lambert-Beer）定律。

郎伯-比尔定律表明：当液层厚度固定时，溶液的吸光度与溶液的浓度成正比，即 $A/c=$ 常数。

所以，只要测出某种溶液的吸光度，将它与已知浓度的标准溶液的吸光度进行比较，就可以算出该溶液的浓度。

记一记

自动生化分析仪的基本工作原理如图5-6所示，用单色光束照射比色皿内的有色液体，通过被测样品对光能量的吸收，由探测器（光电转换器）将光信号转换成相应的电信号，该信号经放大、整流后转换成数字信号输送至计算机；同时计算机控制驱动电力驱动滤光片轮和样品盘，计算机再根据用户选择的工作方式对测量数据进行处理、运算、分析、保存，打印机同时打印出相应的结果；最后，在测完每组样品之后进行比色皿清洗。

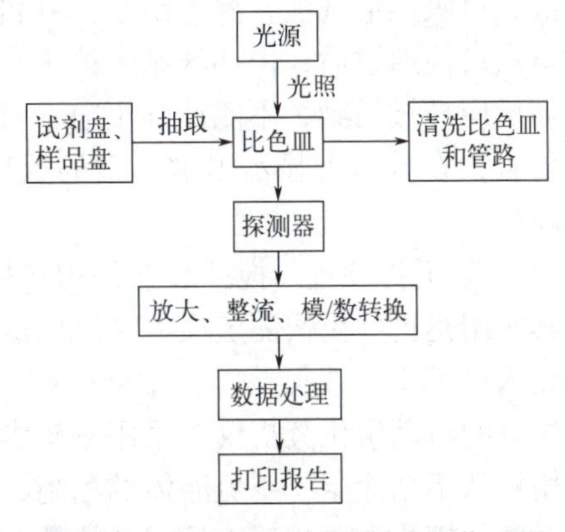

图5-6　自动生化分析仪基本工作原理

5.1.3.4　全自动生化分析仪的基本结构

全自动生化分析仪的基本结构一般包括样品处理系统、清洗系统、温控系统、光学检测系统和计算机控制系统。

（1）样品处理系统

样品处理系统由样品盘或样品架、试剂仓、样本与试剂取样单元、反应盘和搅拌装置等构成。

① 样品盘或样品架　主要用来进样，包括固定圆盘式或长条式、传送带式或轨道式。

② 试剂仓　主要用来储存试剂，为冷藏仓，温度保持在5℃左右，一般配备有单独的电源。

③ 样本与试剂取样单元　样本取样单元用于定量吸取样品并加入反应杯，试剂取样单元则通过指令吸取液体试剂。但两者结构组成基本相同，都由取样臂、采样针、采样注射器、步进电机组成。采样针和采样注射器是一个密封的系统，内充去离子水形成

水柱。加样量由步进电机精确控制，通过推动活塞的往复运动，使注射器内的水柱上下移动来吸取样本（或试剂）。取样单元在水平和垂直方向各有一个光电开关来为垂直和水平方向定义初始位，水平和垂直位置的步进马达精确控制采样针的垂直和水平运动，传动由同步带完成。

探针系统是控制采样针动作的结构，包括样本探针和试剂探针。目前，全自动生化分析仪多使用智能化的探针系统，具有自动液面感应功能，可保证探针的感应装置到达液面时会自动缓慢下降并开始吸样，下降高度则对应于需要的吸样量，这既可加快检测速度也可减少污染。目前，最新的智能化探针系统还具有防堵塞功能，即探针能自动探测血液或试剂中的纤维蛋白或其他杂物堵塞探针现象，并可通过探针内压感受器对堵塞进行处理。如当探针堵塞时，会移到冲洗池，探针内含有一强压水流向下冲，以排出异物；通过探针阻塞系统报警，可跳过当前样品，进行下一样品的测定。同时，防碰撞保护功能可使探针在遇到各方向的高力度碰撞后自动停止，以保护探针。

④ 反应盘　目前的自动生化分析仪一般都采用硬质玻璃比色杯，其透光性好、容易清洁、不易磨损、使用时间长、成本低。反应盘上安装有清洗站，一项检验项目完成后，反应杯随即被自动清洗，实现了实时清洗。反应杯清洗时，先吸走废液，灌入清洗液，再吸走清洗液，灌入清水，并自动进行水空白自检，确定反应杯是否清洗干净。水空白自检通过后，由冲洗站吸掉水，真空吸湿干燥反应杯，再进行后续的检验项目。假如反应杯被污染，不能冲洗干净，仪器会自动放弃再次使用该反应杯，并且由电脑发出警告，在屏幕上显示出被污染的反应杯所在位置，便于拿出反应杯进一步处理或更换新杯。

⑤ 搅拌装置　搅拌装置是指在样品与试剂加入比色杯后将其迅速混合均匀的装置，其作用是更好更快测定反应系统中的吸光度变化。过去，普通的搅拌技术采用的方法如充入试剂空气或振荡等，常会引起反应液外溢和起泡，导致测定结果的不稳定。目前，先进的自动生化分析仪多采用三头螺旋式搅拌杆，搅拌杆为微螺旋式不锈钢，其表面采用特殊不粘涂层，避免液体的黏附，具有不粘异物、无携带污染物的特点。并且其旋转方向与螺旋方向相反，具有独特的三头清洗式搅拌系统，一组搅拌，同时两组清洗，保证搅拌更充分、冲洗更干净，交叉污染减至更低。

（2）清洗系统

清洗系统进行的清洗主要包括样品探针的清洗、试剂探针的清洗和比色杯的清洗。

（3）温控系统

全自动生化分析仪一般都设有 30℃和 37℃两种温度。温度对实验结果影响很大。因此，要求温度控制在 ±0.1℃，两种温度能够互换。目前，恒温系统应用较为广泛的是水浴式恒温和空气浴恒温。

水浴式恒温测定期间，恒温水浴不断循环转动，通过恒温水的导电性保持恒定的水浴量，通过温控装置保持水温为 37℃ ±0.1℃的水平。水浴恒温的优点是温度均匀、稳定；缺点是升温缓慢、开机预热时间长，另外水质化（微生物、矿物质沉积）影响测定，因此要定期换水和比色杯。

空气浴恒温采用氟利昂为反应槽控温，反应杯放置在内部密封有氟利昂的金属环内。仪器通过温度控制电路板来控制反应温度，使反应盘内的温度始终保持在目标温度的控制范围内。空气浴恒温的优点是升温迅速、无需保养；缺点是温度易受外界环境影响。

（4）光学检测系统

光学检测系统由测量光路和参考光路组成。测量光路稳定提供几种波长的单色光，在反应盘旋转的过程中测定反应杯中反应液的吸光度。参考光路对测量光路进行补偿以获得更高的测量精度。光源由光源盒中的光源灯发出，经分光后，一路为参考光，监视光源灯的状况；另外几路进入反应盘的比色杯，光线透射过比色杯后，经过相应波长的滤光片再透射到相应的光电转换板，转换后的电信号在模拟数字（AD）采集板上放大，经模/数（A/D）转换后发送到主控板，主控板将相应的吸光度发送到上位机进行相应测试的计算。

（5）计算机控制系统

计算机控制系统是自动生化分析仪的指挥中心，其功能包括控制样品试剂的识别、样品试剂的吸取、样品试剂的反应、测定方法的选择、吸光度的检测、清洗、校准方法、恒温调控、数据处理、结果打印和质量控制等。

目前，全自动生化分析仪在结构上都设计有电解质分析模块（可选配），可利用离子选择电极（ISE）测量人体血液中 K^+、Na^+、Cl^- 等离子含量。

5.1.3.5　仪器举例

分立式自动生化分析仪（图 5-7）是目前应用最多的一类生化分析仪，其特点是按手工操作的方式编排程序，并以有序的机械操作代替手工操作。用加样探针将样本加入各自的比色杯中，试剂探针按一定的时间要求自动地定量加入试剂，经搅拌器混匀后，在一定的条件下反应。反应后，将其抽入流动比色器中进行测定或直接将特制的反应杯作为比色器进行比色测定。比色器依次进入光路，通过在不同时间内记录吸光度变化来进行测定。它与连续流动式自动生化分析仪的主要差别在于，每个待测样品与试剂混合后的化学反应都是在各自的反应杯中完成，不易出现交叉污染，结果重复性好、准确性高。图 5-8 是生化分析仪整机结构，图 5-9 是生化分析仪台面结构，图 5-10 生化分析仪分析部结构。

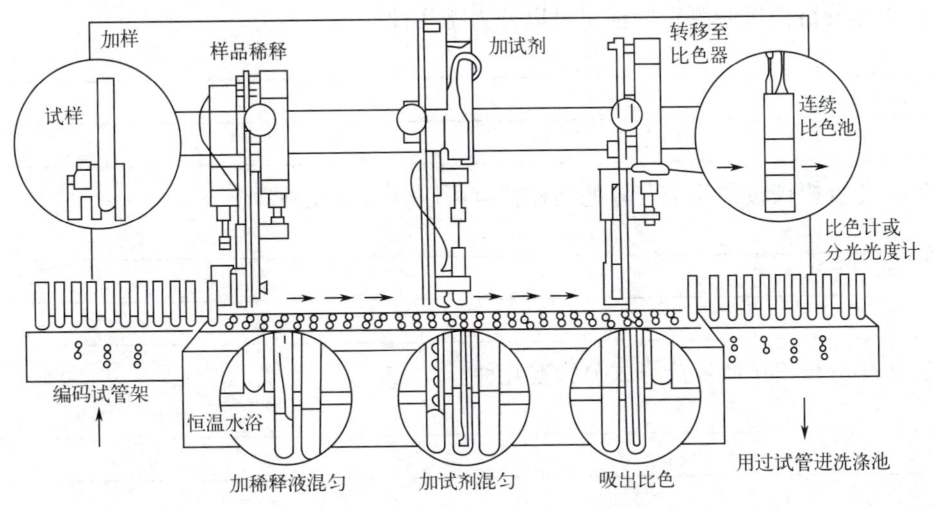

图5-7　分立式自动生化分析仪结构布局

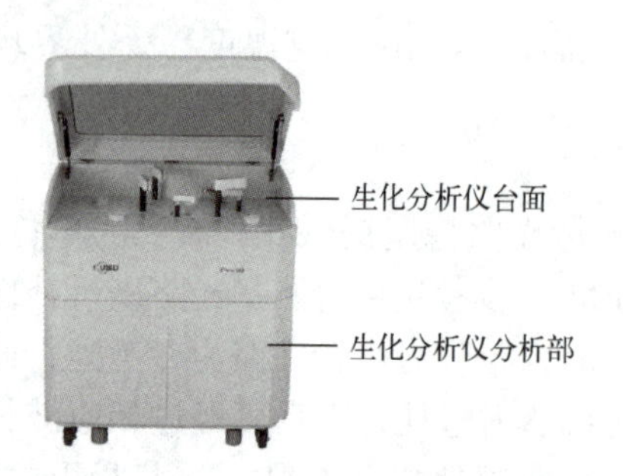

图5-8　生化分析仪整机结构

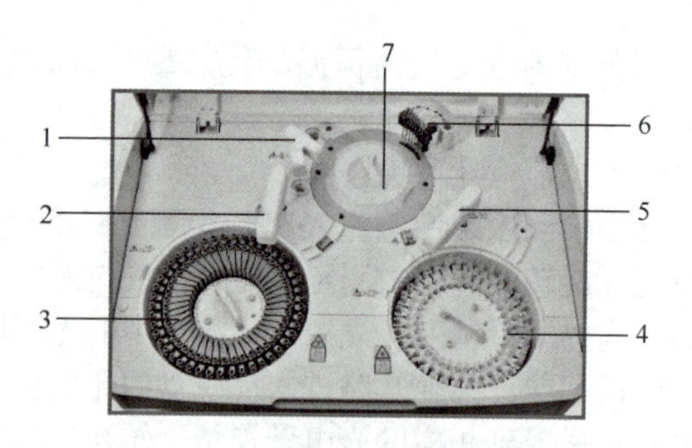

图5-9　生化分析仪台面结构

1—搅拌组件；2—试剂针；3—试剂盘；4—样本盘；
5—样本针；6—反应杯自动清洗机构；7—反应盘

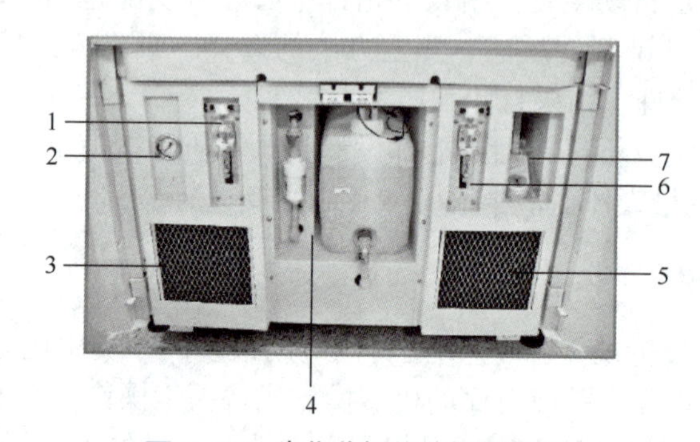

图5-10　生化分析仪分析部结构

1—试剂注射器；2—压力表；3—左防尘网；4—去离子水桶；
5—右防尘网；6—样本注射器；7—ISE试剂仓

5.1.4　任务实施

请熟读【任务准备】回答下列问题。

1. 生化分析仪按照测定的项目可以分为哪几种？

2. 生化分析仪按照反应装置的结构特点可以分为哪几种？

3. 生化分析仪按照反应方式分为哪几种？

4. 什么是朗伯 - 比尔定律？

5. 全自动生化仪的基本结构包括哪些？

6. 简述生化分析仪的检测原理。

学习笔记

实训任务单

1. 向“客户”介绍分立式自动生化分析仪的结构及功能。

2. 向“客户”讲解生化分析仪的工作原理。

5.1.5　任务评价

小组内部进行自评，其他小组进行互评，然后由老师进行点评，评价结果写在下面文本框内。

评价意见

小组内部意见

其他小组意见

教师点评

任务 5.2　生化分析仪的安装

5.2.1　任务描述

临床生化分析仪能够正常使用的前提是必须按照仪器提供的说明书，在指定的安装环境中进行正确的安装，同时注意仪器安全等事项。

5.2.2 任务学习目标

素养目标	知识目标	技能目标
1.培养学生吃苦耐劳、甘于奉献的精神； 2.培养学生积极主动的工作态度； 3.培养学生动手操作的能力。	1.掌握临床生化分析仪的安装环境要求、供排水要求； 2.熟悉临床生化分析仪的安全标识； 3.了解生化分析仪的安装注意事项。	能够对生化分析仪进行正确安装。

5.2.3 任务准备

5.2.3.1 生化分析仪安全标识

生化分析仪在安装过程中会出现以下安全标识，如表 5-1 所示。

表5-1 生化分析仪安全标识

符号	标示语	含义
⚠	警告	表明存在潜在危险，如果不按照说明操作，可能导致人身伤害
☣	生物感染危险	表明存在生物感染危险，如果不按照说明操作，可能会有生物感染危险
⚠	小心	表明存在潜在危险，如果不按照说明操作，可能导致仪器损坏或影响测试结果
⚠	注意	用于说明操作步骤中的重要信息或其他需要提醒注意的内容

5.2.3.2 安装注意事项

① 安装前需检查仪器外包装，观察是否存在如仪器包装倒置或变形、有明显湿水痕迹、有明显被撞击痕迹、有明显打开痕迹等情况，若发现以上情况需联系供货公司。检查外环境是否符合仪器的安装条件。

② 开箱后按照装箱清单核对所有器件是否完备，仔细检查所有器件的外观是否有破裂、撞伤或变形。

③ 安装时要按照说明书要求进行安装，禁止猛拉、拽、扭仪器部件。

5.2.3.3 安装要求

（1）环境要求

① 国内使用的仪器一般要求电压为 100 ～ 240V，接地电阻小于 0.1Ω。

② 场地要求平整，并有足够的称重强度，一般要求在 250kg 的重量。

③ 远离噪声、电磁波环境，避免阳光直射。

④ 与外界有空气交换，空气流通顺畅，风源不直接吹向仪器分析部。

⑤ 空间要求如图 5-11 所示。

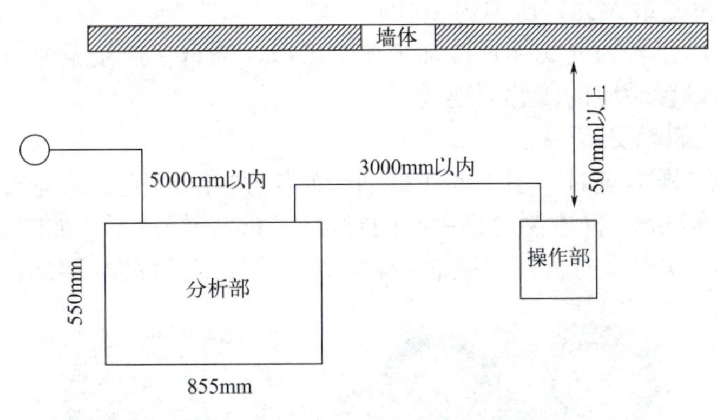

图5-11　生化分析仪安装空间要求

⑥ 仪器工作环境温度在 10 ～ 30℃，相对湿度为 30% ～ 85%。

（2）排水要求

① 遵循当地生态环境部门的要求排放废液。

② 废液桶安放位置要低于仪器的水平面，必须确保废液桶口低于仪器后侧的废液排水口。

③ 接下水道：排废液口距离地面高度不得大于 12cm，如图 5-12 所示。

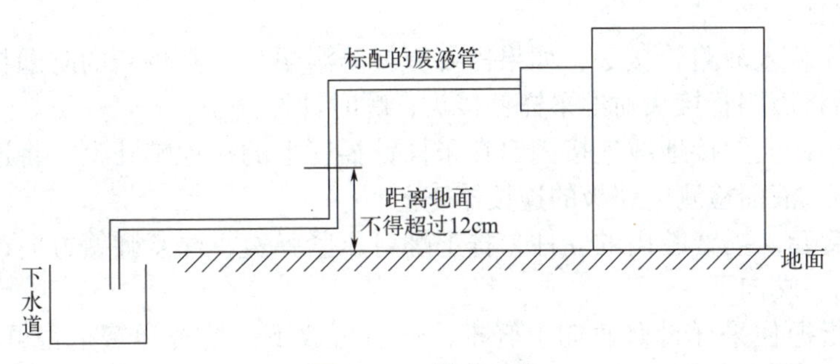

图5-12　排水系统

④ 废液管长度要求一般不超过 5m。

（3）供水要求

① 供水水质应满足美国病理学家协会（CAP）二级用水标准要求。

② 供水量不小于 10L/h。

③ 若使用纯净化设备，必须为重力供水型。

④ 供水装置与生化分析仪进水口的距离不超过 10m。

5.2.3.4　仪器的安装过程

（1）液路连接

① 废液出口分别为取样针、搅拌杆、反应杯第 26 阶清洗废液排出口，可以直接排入下水道或废液桶中。

② 浓废液出口为反应杯第 1 阶清洗废液排出口，可直接排入下水道或浓废液桶中。

③ 对应出口设置对应传感器连线。

④ 去离子水入口为去离子水、纯净水进入仪器通道的入口，直接连接到纯净水桶中；如果连接水机，最大允许压力为 10^5Pa。

⑤ 去离子水出口若为光源循环冷却纯净水出口，则直接连接至纯净水桶中。

⑥ 对应入口设置对应的传感器连线。

（2）样本 / 试剂盘安装

① 装入试剂 / 样本盘时，用手握住试剂 / 样本盘中间的把手，将试剂 / 样本盘把手下方的对位孔对准试剂 / 样本制冷锅中间的对位销钉，轻轻放下，如图 5-13 所示。

② 取出试剂 / 样本盘时，握住试剂 / 样本盘把手竖直上提即可取出。

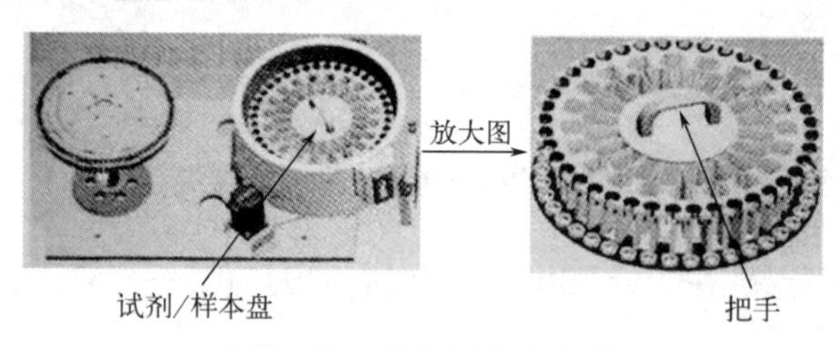

图5-13 样本/试剂盘安装

（3）采样针安装

① 安装采样针之前，取下面壳，拧松采样针摇臂盖上的螺钉，再向上提起。

② 由上向下将采样针插入采样针摇臂上的针孔中，同时将采样针遮片上的孔对准摇臂腔内的立柱。

③ 将垫片装入液路管接头，如果需要更换防漏垫片，则将新的防漏垫片装入液路管接头，然后将液路管接头对准采样针接头，顺时针拧紧。

④ 将采样针上的接地线连接固定在采样针摇臂上的接地螺孔上，将连接在采样针尾部的插头插入液面检测电路板的连接器座上。

⑤ 将弹簧套入摇臂腔内的立柱，拧上螺钉压紧弹簧，注意弹簧方向，将沿螺旋方向多出一段的一端向下。

⑥ 用手指捏住采样针竖直向上轻推，然后再放下，检查弹簧是否可以自由伸缩。如果弹簧能自由伸缩，则进入下一步；如不能，则检查弹簧是否卡住或螺钉是否压得过紧，排除故障。

⑦ 安装完成后，给仪器分析部通电，观察采样针摇臂上的电路板，其上的 LED 橙色小灯亮起，则表明液面检测系统正常。

⑧ 将摇臂盖装上，并拧紧摇臂盖固定螺钉。

⑨ 用手捏住采样针靠近摇臂部分竖直向上轻推采样针，然后放下，检查摇臂内弹簧是否能够自由伸缩。如果弹簧能够自由伸缩，则进入下一步；如果弹簧不能自由伸缩，则摇臂盖安装不当，重装摇臂盖。安装过程如图 5-14 所示。

（4）搅拌杆安装

① 将搅拌杆从固定螺母的大孔一端旋入，直至搅拌杆端面与固定螺母小孔的一端端面齐平，搅拌杆如图 5-15 所示。

② 将搅拌杆安装孔套在搅拌电机轴上，注意安装孔与电机轴紧密配合，孔内垂直方向不要留有间隙，如图 5-16 所示。

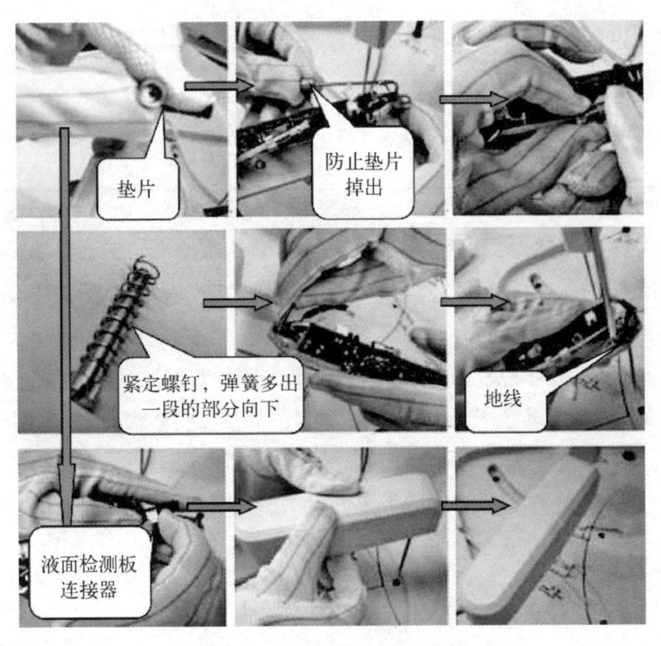

图5-14　**采样针安装步骤**

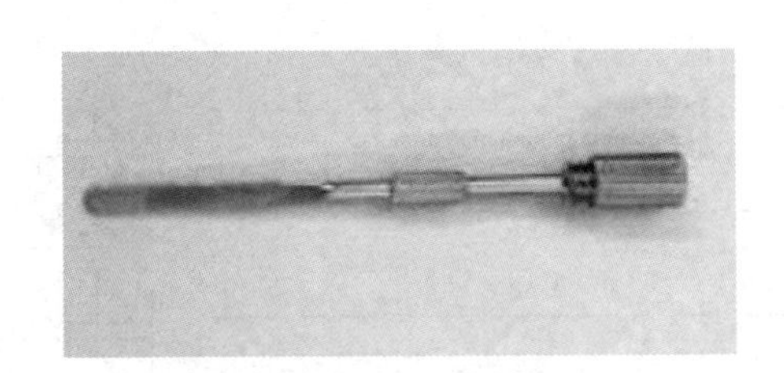

图5-15　**搅拌杆**

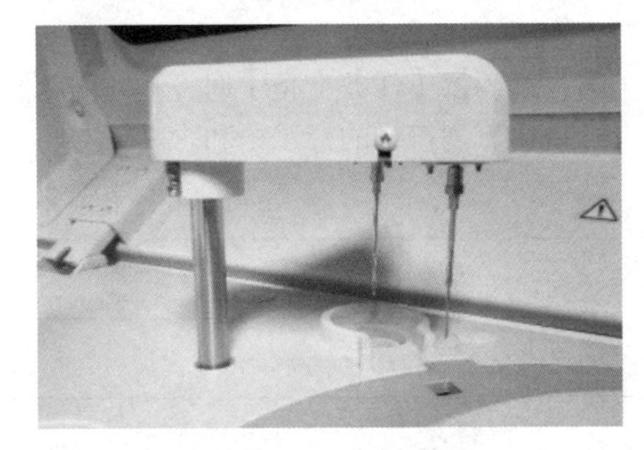

图5-16　**安装搅拌杆**

③ 顺时针方向拧紧搅拌杆固定螺母，检查搅拌杆是否垂直，如果不垂直，请重新安装。

④ 用搅拌杆打紧扳手将搅拌杆打紧。操作时注意用力平衡，以防止弄弯搅拌电机轴。

（5）装卸样本试管

① 装入微量杯时，将装有样本的微量杯插入样本盘中的样本位孔中，直到微量杯进入样本位的孔位中。

② 装入样本试管时，将装有样本的试管插入样本盘中的样本位孔中，直到试管接触到样本位的孔位底部。

③ 取出微量杯或样本试管时，用手指捏住微量杯或样本试管，竖直向上取出。

（6）装卸试剂瓶

① 装入试剂瓶时，将装有试剂的试剂瓶插入试剂盘中的试剂瓶容槽中，直到试剂瓶底与试剂瓶容槽底部接触。

② 取出试剂瓶时，用手捏住试剂瓶口，竖直向上取出。

5.2.4 思政小课堂

生化分析仪在临床上主要用于检测肝功能、血糖、血脂、肾功能以及心肌等项目，因此检测结果的准确性非常重要。其中影响检测结果的因素不仅包括实验人员和外界的一些环境因素，还有一些其他的方面：灯泡使用时间过长易造成数据不稳，要及时检查或更换灯泡；需用与本仪器配套的比色杯、搅拌杆、注射器，否则很可能造成交叉污染，甚至造成仪器的损坏；仪器连续性操作24小时以上，发现数据不稳定时，应关机重启，并重做质控。

仪器的操作必须严格按照仪器的说明书来进行，时刻注意仪器使用的安全性和有效性。

5.2.5 任务实施

请仔细阅读【任务准备】回答下列问题。

1. 说出下列符号的标示语和含义。

____

____

____

____

2. 仪器操作部离上方墙体至少________m。
3. 仪器操作的环境温度为________℃，相对湿度为________。
4. 废液桶安装位置有何要求？

____

____

____

____

5. 仪器的安装部件包括哪些？

____

____

____

____

实训任务单

分小组完成以下操作。

1. 检查实训室生化分析仪安装环境是否符合要求。

条件	是否符合安装要求
地面	
电源	
空间	
接地	
供水系统	
排水系统	
温度、湿度	

2. 安装样本针

3. 安装搅拌杆

4. 连接液路部件

5.2.6 任务评价

小组内部进行自评，其他小组进行互评，然后由老师进行点评，评价结果写在下面文本框内。

评价意见

小组内部意见

其他小组意见

教师点评

任务 5.3 临床生化分析仪的保养与维护

5.3.1 任务描述

主动维护是一种预防性维护措施，由厂家授权的服务人员在客户端执行，目的是排除仪器隐患，保证系统可靠性，从而使仪器在运行中达到最佳状态。生化分析仪的主动维护周期一般为一年，其中，离子测试模块的维护周期为半年。工程师主要的维护项目包括更换老化陈旧部件、清洗部件、检查校正部件等。

5.3.2 任务学习目标

素养目标	知识目标	技能目标
1. 培养学生吃苦耐劳、甘于奉献的精神； 2. 培养学生积极主动的工作态度； 3.培养学生动手操作的能力。	掌握生化分析仪维护和保养的内容、更换样本/试剂注射器的过程、更换自动清洗连接套管的过程。	能够熟练使用生化分析仪的维护工具并进行维护。

5.3.3 任务准备

5.3.3.1 维护项目与时间安排及工具准备

医用检验仪器维护工程师要按照仪器维护时间要求按时对仪器进行维护，生化分析仪维护项目与时间安排如表 5-2 所示，维护项目所需准备工具如表 5-3 所示，维护项目操作如表 5-4 所示。

表5-2 生化分析仪维护项目与时间安排

类 别	维护项目名称	维护时间
更换老化陈旧部件	更换自动清洗连接套管	使用时间大于1年
	更换在线过滤器	使用时间大于1年
	更换过滤器滤芯	使用时间大于3个月
	更换样本注射器	使用次数大于100000次
	更换试剂注射器	使用次数大于300000次
	更换蠕动泵泵管	使用时间大于半年
	更换定标液管路	使用时间大于1年
	更换样本针、试剂针垫片	使用时间大于1年
清洗部件	光度计透镜维护	适时
	清洗防尘网	适时
	散热器风扇除尘	适时
	清洗清洗池	适时
	清洗自动清洗机构	适时
	清洗ISE加样口	适时
	清洗去离子水桶	适时
	清洗样本仓、试剂仓	适时
	清洗分析部面板	适时
	清洗样本针/试剂针外壁	适时
	清洗搅拌杆	适时
检查校正部件	蠕动泵校正	适时
	气泡检测器校正	适时
	反应杯检测	适时
	光度计检测	适时
	自动清洗注射器检查	使用时间大于1年

表5-3　生化分析仪维护所需工具

工具名称	适用维护内容
十字螺丝刀	拆装
针灸针	用于通针
毛刷	清洁过滤器滤芯和防尘网
纱布	擦拭针/杆外壁和样本仓/试剂仓
棉签	清洁清洗池
吸尘器	清洁风扇和防尘网
镊子	拆装针和注射器垫片
烧杯	清洗机构维护
无水酒精	清洁光度计、针、搅拌杆、清洗机构等

表5-4　生化分析仪维护项目操作

维护项目名称	维护工具	维护操作
清洗分析部面板	酒精、纱布	擦拭
清洗防尘网	毛刷、吸尘器	除尘
散热器风扇除尘	毛刷、吸尘器	除尘
光度计透镜维护	酒精、擦镜纸	擦拭
更换过滤器	过滤器	更换
清洗去离子水桶	—	清洗
更换样本/试剂注射器	样本/试剂注射器	更换
更换样本/试剂垫片	垫片	更换
检查自动清洗注射器	—	仪器执行
更换自动清洗连接套管	套管	更换
清洗样本针/试剂针外壁	酒精、纱布	擦拭
清洗搅拌杆	酒精、纱布	擦拭
清洗清洗池	NaClO溶液、棉签	擦拭
清洗自动清洗机构	酒精、纱布	擦拭
清洗样本仓、试剂仓	酒精、棉签	擦拭

5.3.3.2　生化分析仪维护内容

（1）每日维护

① 检查样品、试剂分配器：样品、试剂分配器是精密分配微量样品和试剂的装置。如果分配器渗漏，分配的量就不准确，甚至会损坏分配器本身。每天分析开始前，一定要检查样品、试剂分配器是否渗漏。

② 检查原浓度洗液剩余量：如果原浓度洗液剩余量不足，分析操作可能中断。每天开始分析前，一定要检查原浓度洗液桶有无足够量的洗液。如果消耗了相当数量的洗液，则向桶内添加适当量的原浓度洗液。

③ 检查、清洗样品探针、试剂探针和搅拌杆：如果样品探针、试剂探针和搅拌杆异常，则仪器就不能进行正确的分析运行。所以，在每天分析前，一定要检查样品探针和试剂探针是否堵塞，检查样品探针、试剂探针和搅拌杆是否异常操作，还要检查其表面有无污物和结晶。如有上述情况，应立即停止操作并清洗这些部分。

（2）每周维护

① 手工清洗样品探针、试剂探针和搅拌杆：为防止样品间交叉污染和试剂间交叉污染，每周都要冲洗样品探针、试剂探针和搅拌杆。

② 进行光电校正测定：如果冲洗或更换了比色杯，一定要进行光电校正来检查比色杯的异常以及获得正确的空白结果。如果发生了比色差错，也要进行光电校正。进行光电校正后，一定要在屏幕上检查测量数据。如果光电校正结果识别出比色杯的异常，要再次冲洗或更换比色杯。

（3）每月维护

① 清洗样品探针、试剂探针和搅拌杆的冲洗池，否则会由于残留异物而难以清洗。这会引起污染并降低分析数据的可靠性，污染的样品探针也会污染标本。为保证分析结果的可靠性，防止标本污染，要每月定期清洗冲洗池。

② 清洗空气过滤网：如果系统的空气过滤网使用了较长一段时间，它们可能被灰尘堵住，这会降低系统内部的冷却效果。

③ 清洗去离子水过滤片：如果灰尘或屑片黏附在去离子水过滤片上，系统会提示分析数据异常。每月清洗去离子水过滤片，以获得合适的分析结果。

④ 清洗样品探针过滤片。

（4）每 3 个月维护

① 为防止出现异常分析数据，每 3 个月冲洗管嘴。如果管嘴堵塞，管嘴功能下降，会导致比色杯清洗不良或分析数据异常等问题。

② 清洗去离子水桶：如果碎屑或其他沉淀沉积在去离子水桶中，就会供应浑浊的去离子水，这样就不能正确分析。除了去离子水桶外，2 个清洗剂稀释洗液桶和去离子水桶内的浮子开关也需要清洗。

（5）每 6 个月维护

① 更换光源灯（如果质控在范围内，也可继续使用）：如果光源灯损坏了，将不能获得适当的结果。更换光源灯泡后，一定要进行光电校正测量。为防止电击，在更换光源灯泡前一定要关掉系统副电源；系统关闭程序完成后要等 5 分钟或更长时间，防止灯泡过热引起灼伤。不要赤手触摸光源灯泡，否则皮肤上的油污或指纹留在玻璃上会改变灯泡的光强度并降低测量的精确度。如果灯泡上有污渍，关掉系统至少等待 5 分钟，等

到灯泡完全冷却后用蘸有乙醇的软布擦去污迹。

② 清洗比色杯和比色杯轮盘（比色杯底座），以免比色杯上的污渍引起比色错误。

（6）每年维护

① 更换自动清洗连接套管　查看维护日志，当自动清洗连接套管使用时间大于1年时，更换套管。首先检查分析部处于断电、故障或空闲状态，打开分析部上盖，松开清洗机构安装旋钮，然后取下清洗机构，取下需要更换的连接管。采用工装，先将连接套管细端插入工装，再将工装插入清洗管中，用力将套管粗端插入清洗管9～11mm长度，然后将套管细端插入清洗针管嘴的连接处，使管道和管嘴的两个末端位于连接管的中部，管道和管嘴的两个末端之间有一定距离，安装步骤如图5-17所示。更换完套管后重新装回清洗机构。

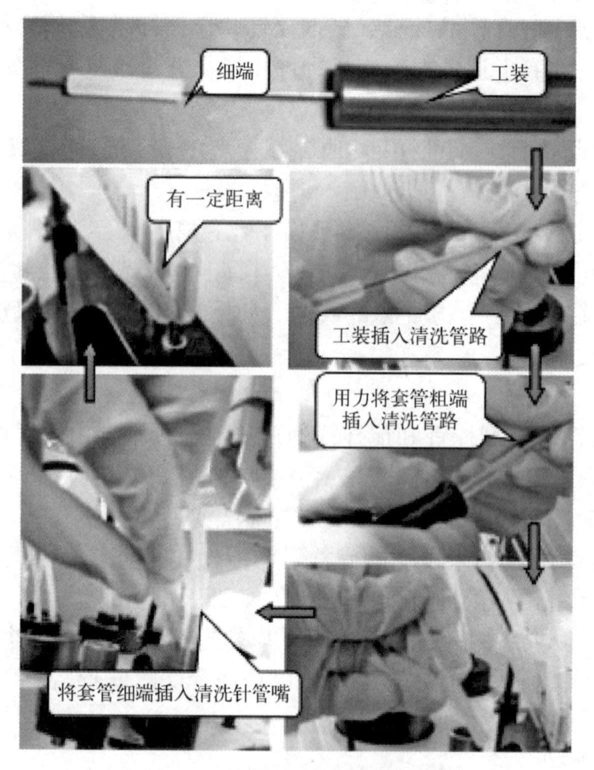

图5-17　更换自动清洗连接管套

② 更换过滤器

a. 拆卸步骤：拆下机架后背板，拆下在液路出口组件正下方的过滤器管路，取下过滤器，并在液路管的开口处打上扎带，防止管路中的液体泼溅。

b. 安装步骤：装上过滤器接头管路，加上扎带，装上右侧盖板组件。

③ 更换样本针/试剂针垫片　查看维护日志，当样本针/试剂针垫片使用时间大于1年时，更换垫片。拆下样本针/试剂针，取出样本针/试剂针垫片，装上新的垫片，重新装上样本针/试剂针。

（7）使用次数大于300000次维护

更换样本/试剂注射器：

① 查看状态界面注射器使用次数统计，当样本/试剂注射器使用次数达到300000

次时，更换样本 / 试剂注射器。

② 准备新的注射器或其活塞组件和新的防漏垫片，将活塞头放在装有去离子水的烧杯里润湿以除去空气，并将防漏垫片放在去离子水中润湿。

③ 关闭分析部电源。

④ 打开分析部前门，在分析部的两侧可以看到两个注射器，左边为试剂注射器，右边为样本注射器，如图 5-18 所示。逆时针松开注射器上方的四个锁紧螺钉，取下锁紧螺钉和固定块；逆时针松开注射器下方的活塞钮锁紧螺钉，从架子上取下注射器。

⑤ 一只手握住三通连接器，另一只手握住注射器连接头，逆时针旋下注射器，并将防漏垫片取下。逆时针松开注射器活塞导向螺母，捏住注射器活塞钮并轻轻拉动，将注射器活塞组件从注射器管中拉出。捏住新的注射器活塞组件的活塞钮，将活塞头小心地插入注射器管中，并轻推至注射器底部，顺时针旋紧活塞导向螺母。

图5-18　注射器组件

⑥ 将新注射器连接头浸入装有去离子水的容器中，轻轻拉动活塞钮，使注射器吸入半管去离子水，回推，反复吸排至气泡消失。然后再在注射器中吸入半管去离子水，保证注射器中充满水以免引入新的气泡。

⑦ 如果三通连接器中没有防漏垫片，请将准备好的新防漏垫片湿润后放入三通连接器中。然后一只手握住三通连接器，另一只手握住注射器连接头，顺时针旋入三通。

⑧ 将注射器装回注射器固定架。安装压块和四个锁紧螺钉，顺时针旋上锁紧螺钉，但不要锁死。将注射器活塞钮对准注射器下方的锁紧螺钉，顺时针旋紧螺钉。握住活塞导向螺母，轻轻调整注射器高度，使注射器头刻度超出最上端固定块样本注射器 7.5 小格，试剂注射器 15 小格。锁紧压块上的四个锁紧螺钉。完成更换操作后，打开分析部电源。

⑨ 执行【系统复位】维护指令，检查新安装的注射器是否漏液。若出现漏液，请仔细检查注射器及其连接处。关闭分析部前门。

⑩ 维护完成，打开维护日志，输入相关信息，并清零注射器累计计数。

5.3.4　任务实施

请仔细阅读【任务准备】回答下列问题。

1. 什么是主动维护？

____

2. 仪器使用多久需要更换样本注射器？

3. 仪器使用多久需要更换自动清洗连接套管？

4. 自动生化分析仪每天维护内容有哪些？

5. 自动生化分析仪每周维护内容有哪些？

6. 自动生化分析仪每月维护内容有哪些？

7. 自动生化分析仪每三月维护内容有哪些？

8. 自动生化分析仪每六月维护内容有哪些？

学习笔记

实训任务单

以小组的形式，完成以下操作练习：

1. 清洗分析部面板。
2. 清洗防尘网。
3. 散热器风扇除尘。
4. 光度计透镜维护。
5. 更换样本 / 试剂注射器。
6. 更换自动清洗连接套管。

5.3.5 任务评价

小组内部进行自评，其他小组进行互评，然后由老师进行点评，评价结果写在下面文本框内。

评价意见

小组内部意见

其他小组意见

教师点评

项目巩固

生化分析仪从 19 世纪初萌芽，发展至今已经发展成高度自动化的仪器，其最基本的工作原理是光电比色法和分光光度法，基本结构包括样品处理系统、清洗系统、温控系统、光学检测系统和计算机控制系统，常规保养工作包括每日、每月、每年维护。

学习笔记

项目学习成果评价

请根据下表要求对本活动中的工作和学习情况进行打分。

项目	项目要求		配分	评分细则	得分
职业素养（20）	纪律情况（5）	按时到岗，不早退	1	违反规定，每次扣1分	
		积极思考，回答问题	2	根据上课统计情况得0～2分	
		三有（有工作页、笔、书）	1	违反规定每项扣0.3分	
		完成任务情况	1	根据完成任务进度扣0～1分	
	职业道德（10）	能与他人合作	3	不符合要求不得分	
		主动帮助同学	3	能主动帮助他人得3分	
		认真、仔细、有责任心	4	对工作精益求精且效果明显得4分，对工作认真得3分，其余不得分	
	卫生意识（5）		5	保持良好卫生，地面、桌面整洁得5分，否则不得分	
职业能力（60）	识读任务书（10）	案例认知	10	能全部掌握得10分，部分掌握得5～8分，不清楚不得分	
	资料收集（20）	收集、查阅、检索能力	20	资料查找正确得20分，不完整得13～18分，不正确不得分	
	任务分析（30）	语言表达能力、沟通能力、分析能力、团队协作能力	30	语言表达准确且具有针对性。分析全面正确得30分，不完整得10～28分	
工作页完成情况（20）	按时完成工作页	按时提交	5	按时提交得5分，迟交不得分	
		内容完成程度	5	按完成情况分别得1～5分	
		回答准确率	5	视准确率情况分别得1～5分	
		有独到见解	5	视见解程度分别得1～5分	
总分					

学生总结：

项目6

化学发光免疫分析仪

项目导读

化学发光免疫分析仪是临床常用医用检验仪器之一，其检测范围广泛，从传统的蛋白、激素、酶乃至药物均可检测。近年来，电子技术发展迅速，仪器的自动化程度也越来越高。本项目主要介绍化学发光免疫分析仪的临床应用、工作原理、基本结构、工作流程、安装以及保养与维护，为今后从事相关工作奠定基础。

项目学习目标

素养目标	知识目标	能力目标
1. 培养学生树立科技强国和科技兴国的坚定信念； 2. 培养学生创新精神和实践能力； 3. 强化学生规范操作意识。	1. 掌握化学发光免疫分析仪的工作原理及基本结构； 2. 掌握化学发光免疫分析仪的临床应用。	1. 能够安装、操作化学发光免疫分析仪； 2. 能够定期按需维护化学发光免疫分析仪。

情境引入

某患者 5 个月前无明显诱因出现持续钝痛性腰痛且牵涉到臀部，1 个月前出现背痛，静止后加重，活动后减轻。无明显缓解来就医，经问诊及查体，患者生命体征平稳，头颈部无特殊，腰部前弯、后仰、侧弯三向活动受限，右侧膝关节肿胀、有压痛。经免疫测定，诊断为强直性脊柱炎。

问题思考：1. 你知道免疫测定的仪器有哪些？

2. 此仪器还可以检查哪些指标？

记一记

任务 6.1 化学发光免疫分析仪基础知识认知

6.1.1 任务描述

化学发光免疫分析仪是在化学发光免疫分析技术的基础上发展起来的。化学发光免疫分析技术（chemiluminescent immunoassay，CLA）是将发光反应与免疫反应相结合以检测抗原或抗体的方法，其既具有免疫反应的特异性，又兼有发光反应的高敏感性。发光是指一种物质由电子激发态恢复到基态时，释放出的能量表现为光的发射。发光可分为三种类型：光照发光、生物发光和化学发光。而化学发光免疫分析仪应用的化学发光是指伴随化学反应过程所产生的光的发射现象。例如，某些物质在进行化学反应时，吸收了反应过程中所产生的化学能，使反应产物分子激发到电子激发态。当电子从激发态的最低振动能级回到基态的各个振动能级时产生辐射，多余的能量以光子的形式释放出来，这一现象就称为化学发光。化学发光免疫分析仪正是利用这一技术来完成一些生命指标的测试。

那么，化学发光免疫分析仪的临床应用、主要结构及原理是什么呢？下面就化学发光免疫分析仪的基础知识进行详细学习。

6.1.2 任务学习目标

素养目标	知识目标	技能目标
1. 培养学生树立科技强国和科技兴国的坚定信念； 2. 培养学生创新精神和实践能力。	1. 掌握化学发光免疫分析仪的工作原理及基本结构； 2. 掌握化学发光免疫分析仪的临床应用。	能够清楚表述化学发光免疫分析仪的基本概况。

6.1.3 任务准备

6.1.3.1 化学发光免疫分析仪的临床应用

化学发光免疫分析技术发展于 20 世纪 90 年代，通过对标记的化学发光物质发光的控制及测量来检测相应的生物标志物，因具有灵敏度高、检测快速、试剂稳定、无生物毒性、易全自动化等优点，成为非放射性免疫分析技术中最具有发展前景的方法之一。全自动化学发光免疫分析仪如图 6-1 所示。

化学发光免疫分析仪用于定量分析血清、血浆等样本的临床化学成分。临床应用主要有甲状腺功能、生殖/内分泌激素、心肌标志物、肿瘤标志物、骨代谢、贫血标志物、糖尿病、唐氏产前筛查、炎症等检测。测量指标如激素（黄体生成素、雌二醇、孕酮、睾酮等)、产前筛查[相关蛋白、β人绒毛膜促性腺激素(β-HCG)、甲胎蛋白(AFP)]、肿瘤标志物(CA125、CA135、CA19、CEA、AFP)、乙肝(表面抗原、表面抗体、e抗原、c抗体、核心抗体)、优生(弓形虫抗体、风疹病毒抗体、单纯疱疹病毒抗体Ⅰ、单纯疱疹病毒抗体Ⅱ、巨细胞病毒抗体)、性病(支原体、衣原体、淋病奈瑟菌)、电解质(钾、钠、氯、总 CO_2、钙、离子钙)等。

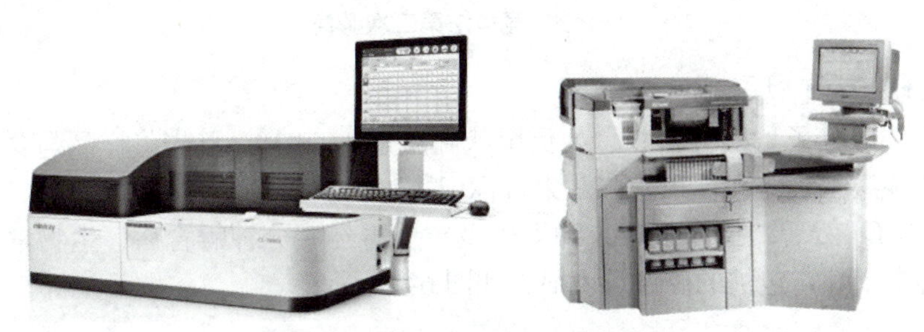

图6-1 全自动化学发光免疫分析仪

6.1.3.2 化学发光免疫分析仪的工作原理

化学发光免疫分析仪是通过检测患者血清从而对人体进行免疫分析的医学检验仪器。将定量的患者血清和辣根过氧化物酶(HRP)加入固相包被有抗体的白色不透明微孔板中,血清中的待测分子与辣根过氧化物酶的结合物和固相载体上的抗体特异性结合。分离洗涤除去未反应的游离成分,然后,加入鲁米诺(luminol)发光底液,利用化学反应释放的自由能激发中间体从基态回到激发态,能量以光子的形式释放。此时,将微孔板置入分析仪内,通过仪器内部的三维传动系统,依次由光子计数器读出各孔的光子数。样品中的待测分子浓度根据标准品建立的数学模型进行定量分析。最后,打印数据报告,以辅助临床诊断。

利用电化学发光免疫分析技术进行测定的免疫分析系统,一般采用测定小分子抗原物质的竞争法、测定大分子物质的三明治夹心法(也叫夹心免疫法)、检测抗体的桥联免疫法。

(1)竞争法

适用于低分子量分析物,如游离三碘甲腺原氨酸(FT_3)。首先将样品和特定抗体标记的吡啶钌试剂加入反应杯,第一次孵育后,加入生物素化的游离三碘甲腺原氨酸和链霉亲和素磁微粒结合,如图6-2所示。

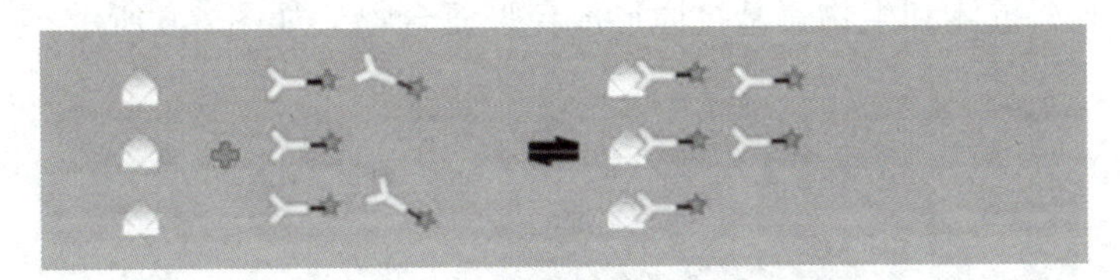

图6-2 竞争法第一次孵育

进行二次孵育后,复合物和电发光标记物结合,含有免疫复合物的反应混合物被送到测量池,磁微粒顺磁到工作电极,其余的试剂和样品被冲洗掉,如图6-3所示。

电发光标记物反应中,化学反应被电激发光,发光量与样品中的抗原量成正比。用已知抗原浓度标准曲线校准和计算抗原浓度。

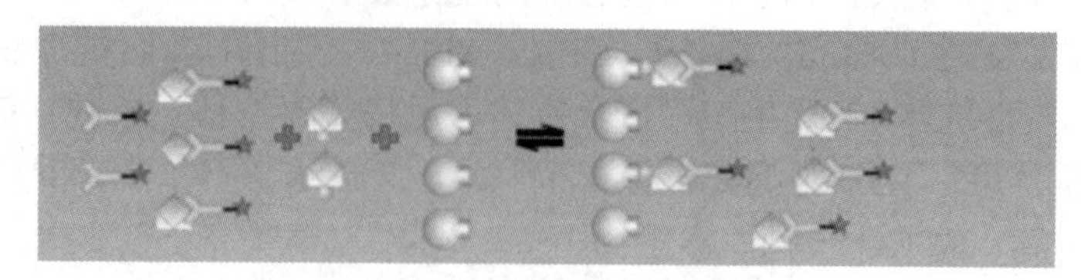

图6-3　竞争法第二次孵育

（2）三明治夹心法

适用于较高分子量的分析物，如促甲状腺激素（TSH）。首先将样品与含有生物素结合促甲状腺激素抗体和促甲状腺激素钌标记物加入反应杯，9 分钟孵育后，抗体捕获样品中的 TSH。然后，加入链霉亲和素磁微粒。再经 9 分钟孵育后，生物素标记的抗体附着于链霉亲和素包被的磁微粒表面，如图 6-4 所示。

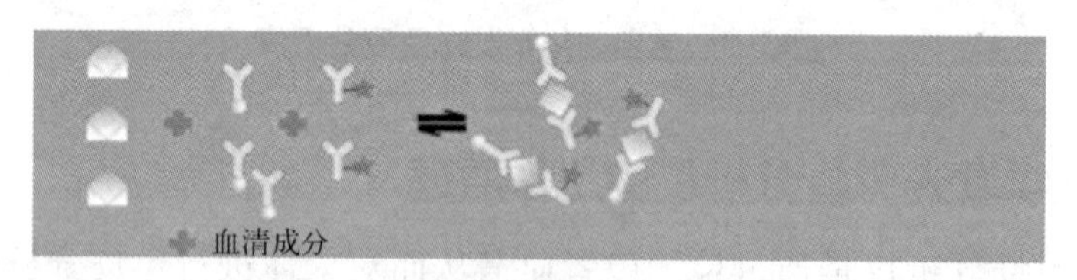

图6-4　三明治夹心法第一次孵育

二次孵育后，将反应混合物送至测量池，复合物顺磁到工作电极，游离的试剂和样品被冲洗掉，如图 6-5 所示。

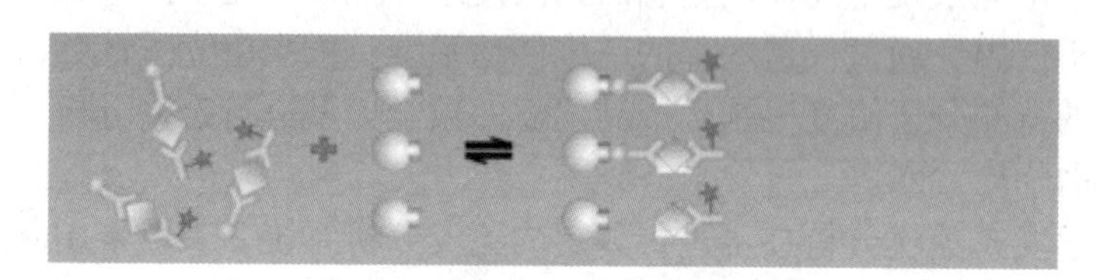

图6-5　三明治夹心法第二次孵育

电发光标记物反应中，化学反应被电激发光，发光量与样品中的抗原量成正比。用已知抗原浓度标准曲线校准和计算抗原浓度。

（3）桥联免疫法

类似于三明治夹心法，区别在于用来检测抗体（如 IgG、IgM、IgA），而不是抗原。第一次孵育后血清抗体和生物素基抗原形成免疫复合物，如图 6-6 所示。

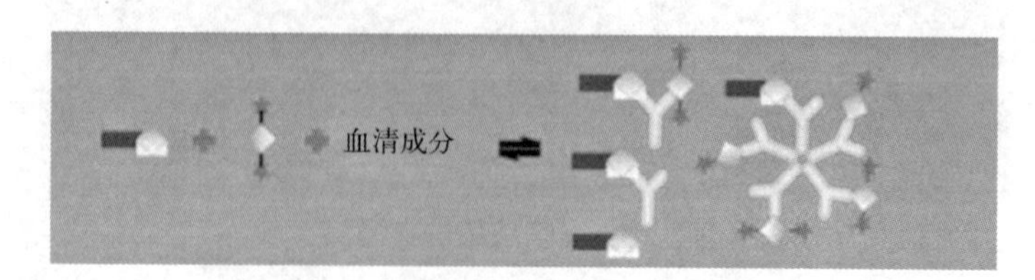

图6-6　桥联免疫法第一次孵育

免疫复合物再与链霉亲和素包被的磁微粒结合，二次孵育后，形成的复合物被送到测量池，工作电极吸附复合物，游离的试剂和样品被冲洗掉，如图 6-7 所示。

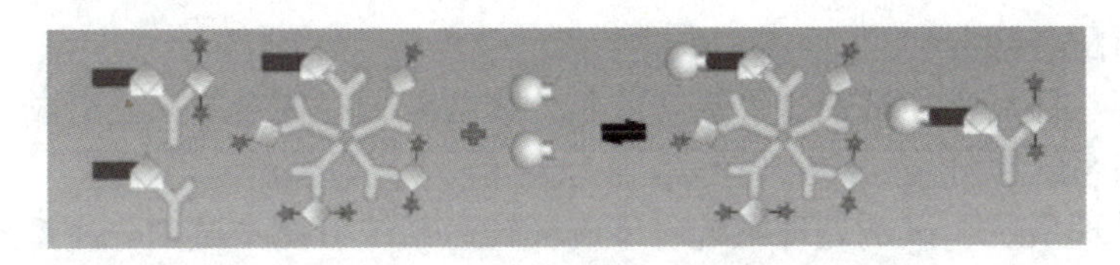

图6-7 桥联免疫法第二次孵育

电发光标记物反应中，化学反应被电激发光，发光量与样品中的抗体量成正比。用已知抗体浓度标准曲线校准和计算抗体浓度。

6.1.3.3 化学发光免疫分析仪的基本结构

全自动化学发光免疫分析仪由材料配备部分、液路系统部分、分析部分、操作部分（计算机系统）、结果输出部分（打印机，为选配）、附件及耗材组成，如图 6-8 所示。

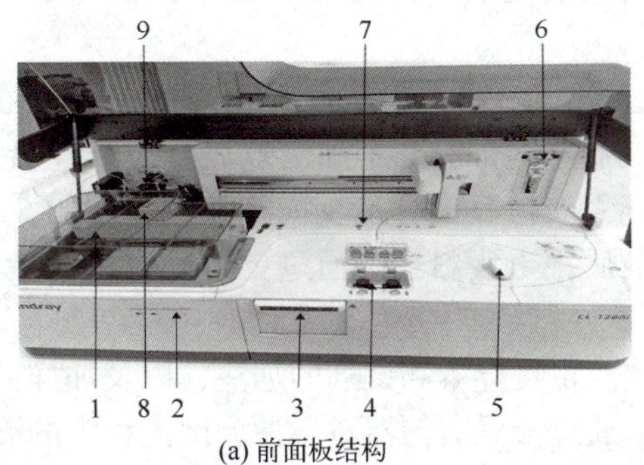

(a) 前面板结构

1—反应杯转运系统；2—仪器左前门（反应杯装载处）；3—样本存放区；4—底物放置位置；5—试剂盘；6—注射器；7—加样针；8—抓杯手；9—磁分离盘

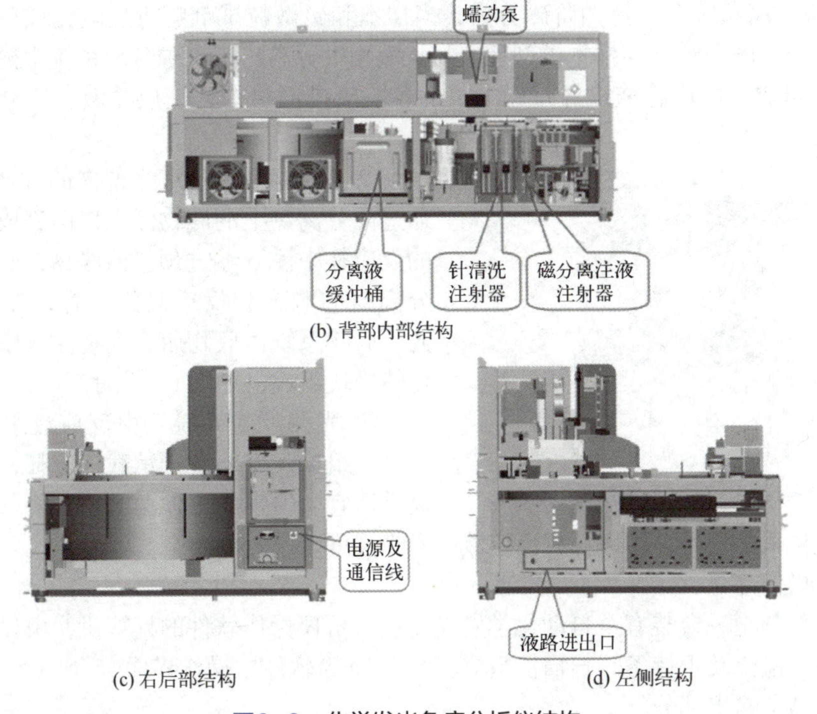

(b) 背部内部结构

(c) 右后部结构

(d) 左侧结构

图6-8 化学发光免疫分析仪结构

（1）材料配备部分

由反应杯、样品盘、试剂盘、清洗液瓶、废液瓶、废杯盒等部分组成。

（2）液路系统部分

由样本处理系统、试剂处理系统、反应杯转运系统、样本试剂分注系统、反应液混匀系统组成。包括以下组件：加样针、抓杯手、试剂盘、反应盘、进样系统、选配样本条码扫描系统和试剂条码扫描系统。

① 样本处理系统　又称进样系统，负责将样本传送到分析部的吸样位，在吸样结束后对样本进行集中回收。样本处理系统主要由样本架通道、样本架运输机构、手持条码扫描仪、固定式条码扫描仪、样本架组成。

② 试剂处理系统　负责提供测试所需的试剂，将每瓶试剂送到吸试剂位吸取试剂，然后注入反应杯中与样本进行反应，再由光测反应系统分析反应液中所申请的项目参数。试剂处理系统主要由试剂盘组件、试剂盘控制按钮、试剂条码扫描组件、试剂瓶组成。

③ 反应杯转运系统　位于仪器左前部，用于完成一次性反应杯在整机中的装载、转运和丢弃动作。仪器左前部有 2 个独立取放反应杯托盘装载位，将反应杯托盘放入这两个位置后，抓杯手夹持反应杯从反应杯托盘中取出，并在混匀位、反应盘以及磁分离盘之间转运，最后丢入废料箱。通过更换反应杯托盘及废料箱，完成耗材的更换。

④ 样本试剂分注系统　负责样本和试剂的加注，以及加样针的清洗。

⑤ 反应液混匀系统　通过漩涡混匀器对各种测试流程中的混合物混匀。

（3）分析部分

由磁分离系统、底物系统、光测反应系统组成。

① 磁分离系统　支持四阶磁分离，当样本和磁微粒试剂孵育反应完成后，使用分离液将结合到磁微粒上的样本试剂反应物从液相中分离出来。磁分离系统由磁分离盘和分离机构组成。反应杯依次经过磁分离的各阶吸排液机构，完成注液、磁分离和吸液动作。

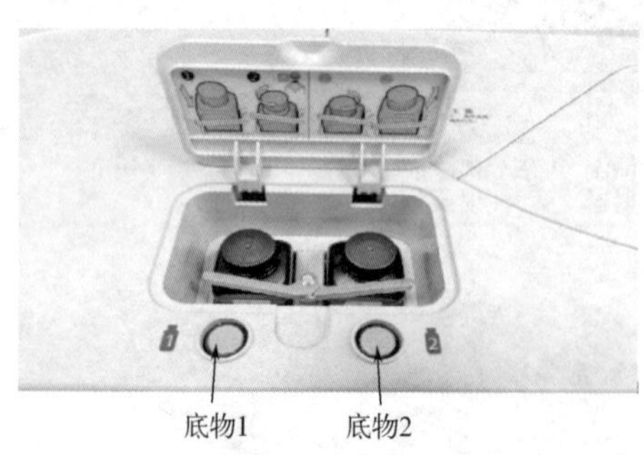

图6-9　底物系统装置

② 底物系统　负责底物的注入和预热，通过磁分离盘上的底物注入口向完成了磁分离的反应杯中注入经过预热的底物，底物经过磁分离盘的孵育和反应盘的孵育，然后进行测光。底物系统由底物瓶、底物注入模块和底物预热模块组成，如图 6-9 所示。

③ 光测反应系统　由反应盘组件和光度计模块组成，主要用于承载反应杯，为反应液提供适宜、恒定的工作温度，并将每个反应杯送至测光位采集信号，用以计算反应液的发光强度。

（4）操作部分

操作部分是一台装有全自动化学发光免疫分析仪操作软件的计算机，由显示屏、主机、键盘、鼠标及手持条码扫描仪组成。图 6-10 为软件主操作界面。

（5）结果输出部分

指打印机，用于测量结果和其他数据的打印输出。

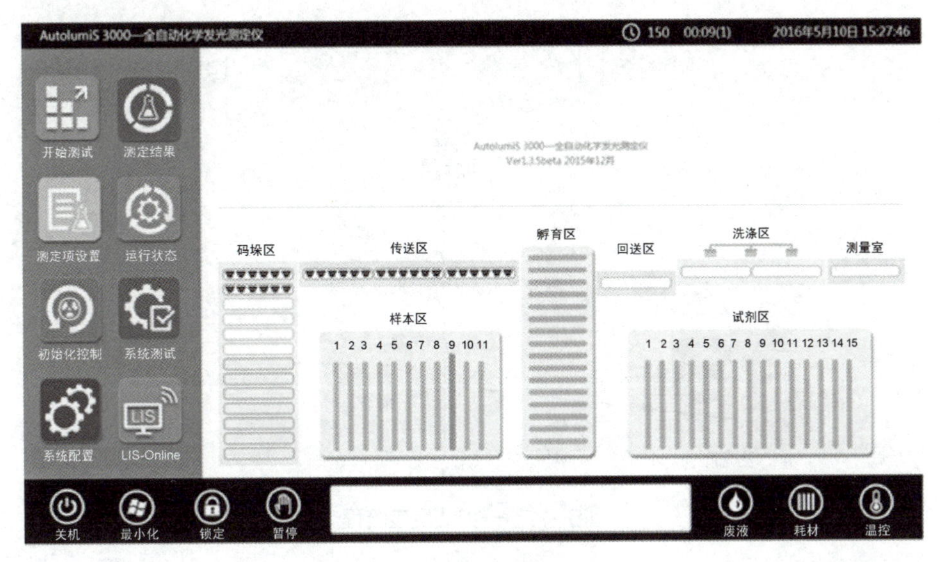

图6-10　软件主操作界面

（6）附件及耗材

包括一次性反应杯、废料箱。

6.1.3.4　仪器工作流程

化学发光免疫分析仪一般可以使用不同免疫测定方法的试剂盒，并可以提供一步法、两步法的免疫分析模块。一般一步法适用于使用三明治夹心法或竞争法的试剂盒，两步法适用于采用间接法进行测定的试剂盒。

（1）测试前准备工作

① 系统复位，所有机械单元进行初始化，加样针执行内外壁清洗。

② 样本管理系统将样本定位至吸样位。

（2）一步法操作流程

① 向混匀位提供一个新的反应杯；

② 向反应杯中加入样本；

③ 加入样本的反应杯在混匀位加入试剂；

④ 加入试剂的反应杯在混匀位完成混匀；

⑤ 完成混匀的反应杯在反应盘进行恒温孵育，其孵育时间在 1 ～ 30min 之间；

⑥ 完成孵育的反应杯到磁分离盘开始进行磁分离；

⑦ 向完成磁分离的反应杯中加入发光底物；

⑧ 加入发光底物的反应杯到反应盘上进行底物孵育，固定时间（5min）后进行测光；

⑨ 反应完成，反应杯从反应盘前操作位被抓杯手抛弃，流程如图 6-11 所示。

（3）两步法一次分离操作流程

① 向混匀位提供一个新的反应杯；

② 向反应杯中加入样本；

③ 加入样本的反应杯在混匀位加入第一步反应所需的试剂；

④ 加入试剂的反应杯在混匀位完成混匀；

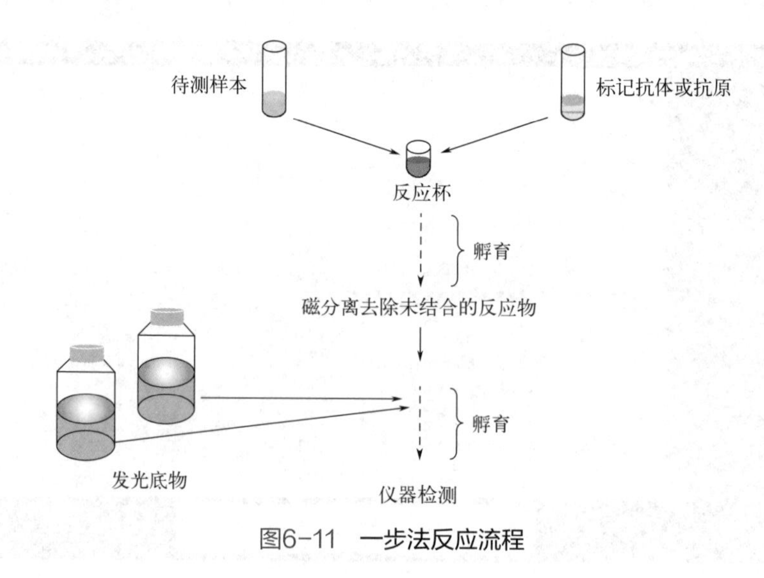

图6-11　一步法反应流程

⑤ 完成混匀的反应杯在反应盘进行恒温孵育，其孵育时间在 1 ～ 20min 之间；

⑥ 完成孵育的反应杯再次回到混匀位加入第二步反应所需的试剂并混匀；

⑦ 完成混匀的反应杯在反应盘进行恒温孵育，其孵育时间在 1 ～ 20min 之间；

⑧ 完成孵育的反应杯到磁分离盘开始进行磁分离；

⑨ 向完成磁分离的反应杯中加入发光底物；

⑩ 加入发光底物的反应杯到反应盘上进行底物孵育，固定时间（5min）后进行测光；

⑪ 反应完成，反应杯从反应盘前操作位被抓杯手抛弃，流程如图 6-12 所示。

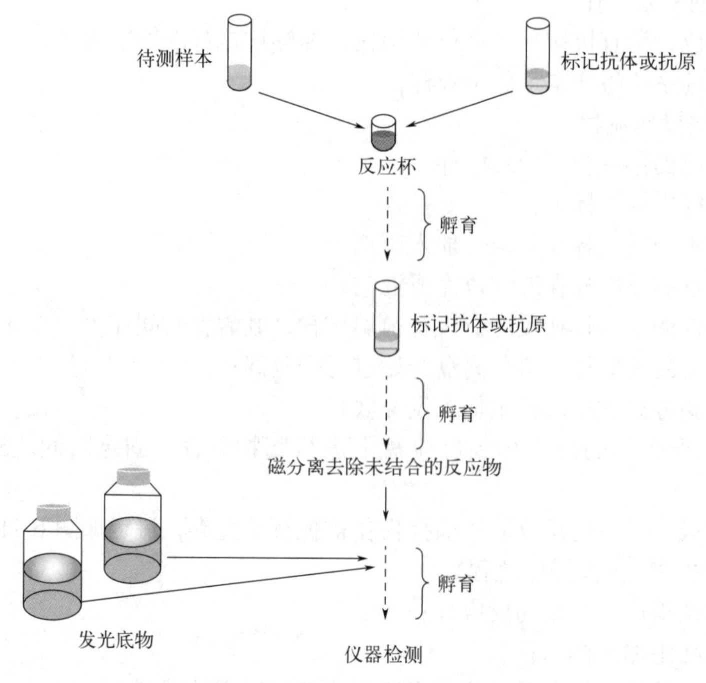

图6-12　两步法一次分离反应流程

（4）两步法两次分离操作流程

①向混匀位提供一个新的反应杯；

②向反应杯中加入样本；

③加入样本的反应杯在混匀位加入第一步反应所需的试剂；

④加入试剂的反应杯在混匀位完成混匀；

⑤完成混匀的反应杯在反应盘进行恒温孵育，其孵育时间在1～20min之间；

⑥完成孵育的反应杯到磁分离盘开始进行磁分离；

⑦完成第一次磁分离的反应杯再次回到混匀位加入第二步反应所需的试剂；

⑧加入试剂的反应杯在混匀位完成混匀；

⑨完成混匀的反应杯在反应盘进行恒温孵育，其孵育时间在1～20min之间；

⑩完成孵育的反应杯到磁分离盘开始进行磁分离；

⑪向完成磁分离的反应杯中加入发光底物；

⑫加入发光底物的反应杯到反应盘上进行底物孵育，固定时间（5min）后进行测光；

⑬反应完成，反应杯从反应盘前操作位被抓杯手抛弃，流程如图6-13所示。

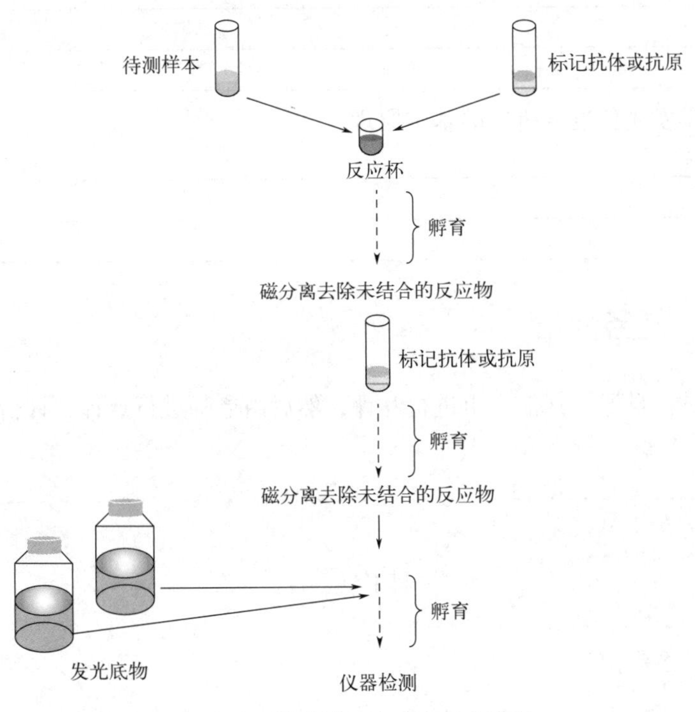

图6-13　两步法两次分离反应流程

6.1.4　任务实施

请仔细阅读【任务准备】回答下列问题。

1. 化学发光免疫分析仪技术是将__________和__________相结合以检测抗原或抗体的方法。

2. 什么是化学发光？

____

____

____

3. 仪器整机包括哪些结构？

____

____

____

4. 光反应系统由________________和________________组成。

5. 简述一步法工作流程。

____

____

____

6. 简述两步法一次分离工作流程。

____

____

____

7. 简述化学发光免疫分析仪的基本原理。

____

____

____

6.1.5 任务评价

小组内部进行自评，其他小组进行互评，然后由老师进行点评，评价结果写在下面文本框内。

评价意见

小组内部意见

其他小组意见

教师点评

任务 6.2 化学发光免疫分析仪的安装

6.2.1 任务描述

临床常用化学发光免疫分析仪主机一般重 150 ～ 250kg，属于中大型检验仪器，需要专业运输公司人员进行搬运、运输。仪器到位后开箱前要仔细检查，注意是否存在下列损伤：外包装倒置或变形，外包装有明显湿水的痕迹，外包装有明显被撞击的痕迹，外包装有被打开过的迹象。一旦发现有上述损伤，请立即通知厂商或当地代理商。

如果外包装完好，打开包装箱，进行开箱检查：按照装箱清单，核查所有器件是否完备；仔细检查所有器件的外观，看是否有破裂、撞伤或变形。如果上述情况都没问题，那么工程师就可以开始对仪器的安装环境进行检查，你知道安装化学发光免疫分析仪有哪些要求吗？

6.2.2 任务学习目标

素养目标	知识目标	技能目标
1. 培养学生树立科技强国和科技兴国的坚定信念； 2. 培养学生创新精神和实践能力； 3. 强化学生规范操作意识。	1. 熟悉化学发光免疫分析仪的安装注意事项； 2. 了解化学发光免疫分析仪的安装要求。	能够对化学发光免疫分析仪进行安装与操作。

6.2.3 任务准备

6.2.3.1 安装要求

化学发光免疫分析仪仅供室内安装，具体安装要求如表 6-1 所示。

表6-1　化学发光免疫分析仪的安装要求

内容	要求
场地	场地空间不得小于3m×3m，应将仪器置于水平地面，环境无尘、无腐蚀和可燃性气体、无热源及风源、无机械振动，避免阳光直射。仪器安装前请确认与仪器同等面积的地面最少能承载400kg的重量（测定仪重量约200kg）
温度	10～30℃
湿度	相对湿度≤70%，无结露
气压	85.0～106.0kPa
通风	与外界有空气交换，空气流通顺畅，风源不直接吹向仪器
电源	AC 220V，50Hz，电压波动小于10%
保护接地	正确接地，接地电阻小于0.1Ω。如果电源接地不良，请在仪器后部的保护接地端上接1根电阻小于0.1Ω的铜线，并直接埋入大地
电磁	远离电磁干扰源，不要靠近电刷型发动机和经常开关的电接触设备
清洗液及维护液	需使用仪器专用清洗液及维护液
废液排放	废液排放遵循当地生态环境部门要求，排废液口距离地面高度不得小于60cm，距仪器5m之内要有可供排水的设施

6.2.3.2　安装工具

中大型仪器安装工具：内六角扳手（包括 M3 ～ M6 型号）、13# 棘轮扳手、卷尺、200mm 扳手、十字螺丝刀、一字螺丝刀、美工刀。如图 6-14 所示。

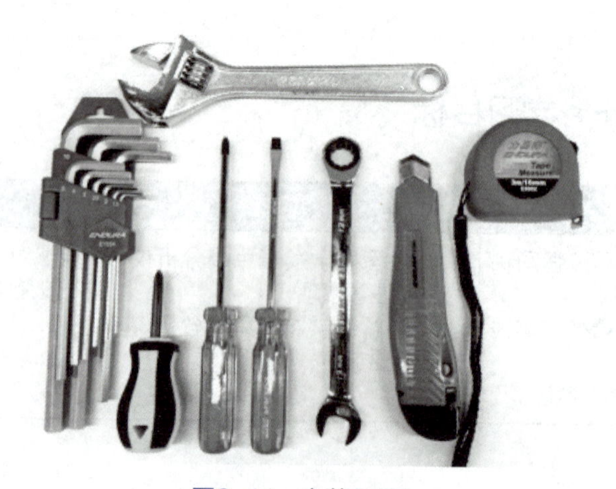

图6-14　安装工具

6.2.3.3　安装过程

（1）拆箱

去掉仪器保护膜及固定板。

（2）清除泡沫及胶带

取下仪器上的泡沫及胶带，如图 6-15 所示。

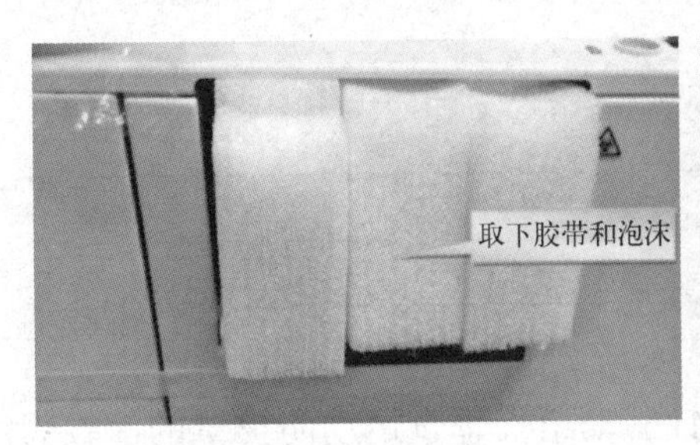

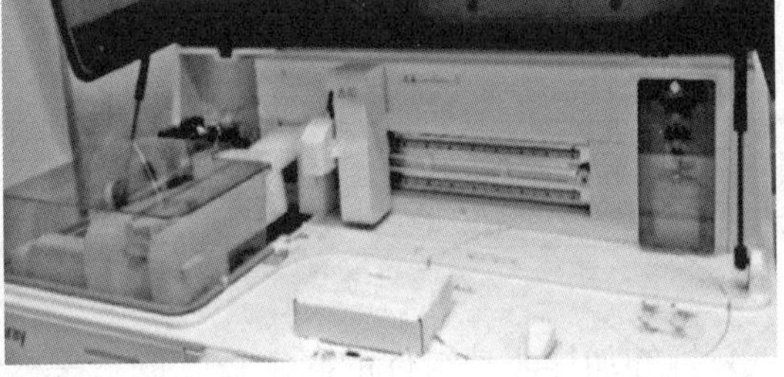

图6-15 仪器上的泡沫及胶带

（3）拆卸固定板

① 拆卸抽屉组件的固定板 打开仪器前门，即可看到该固定板。从上端旋下固定板的两颗固定螺钉（抓杯手防护罩盖在取保护泡沫时已取下），从侧面旋下另外两颗固定螺钉，取下固定板，如图 6-16 所示。取下固定板，检查抽屉组件，确认可顺畅拉出和推进。基于美观考虑，抽屉组件下端两个孔位的螺钉需要装上，如图 6-17 所示。

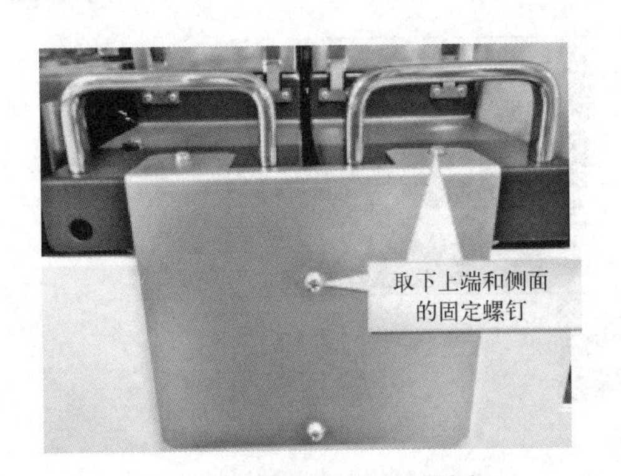

图6-16 抽屉组件的固定板

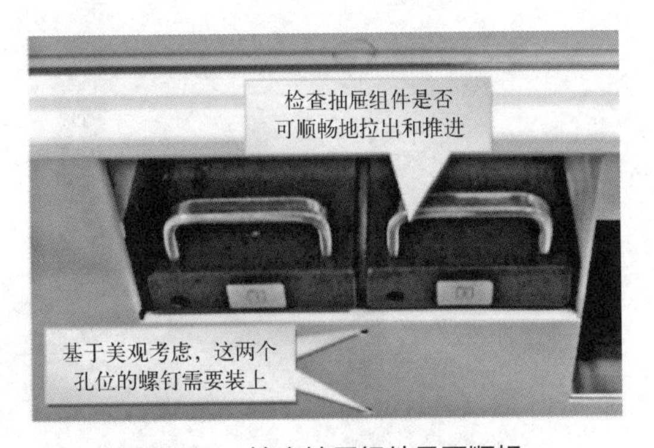

图6-17 检查抽屉组件是否顺畅

② 拆卸试剂盘固定螺钉 如图 6-18 所示。

图6-18 试剂盘固定螺钉

想一想

这里的操作用到的工具是什么？

---

③ 拆卸加样驱动组件的固定板　取下采样针驱动组件垂直运动防护罩的 3 颗固定螺钉，如图 6-19 所示。取下采样针驱动组件垂直运动防护罩，旋松固定采样针伸出臂罩盖的松不脱螺钉，双手将采样针伸出臂罩盖的下端往外掰，向上取出采样针罩盖。找到采样针伸出臂和采样针垂直运动部件的固定钣金，取下固定该钣金的 4 颗十字螺钉，如图 6-20 所示。找到采样针垂直运动部件和水平运动部件的固定钣金，取下固定该钣金的 2 颗内六角螺钉，如图 6-21 所示。装回采样针驱动组件垂直运动防护罩。

④ 拆卸抓杯手的固定板　如图 6-22 所示。

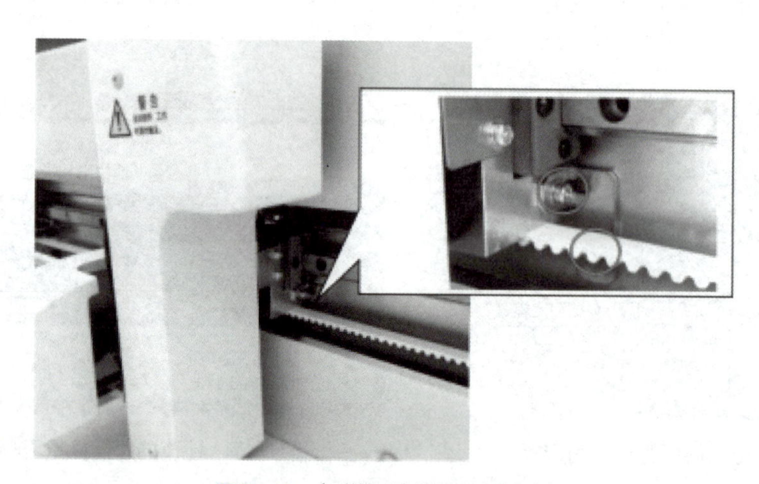

图6-19　加样驱动组件的固定板

图6-20　取下固定钣金的4颗十字螺钉

图6-21　取下内六角螺钉

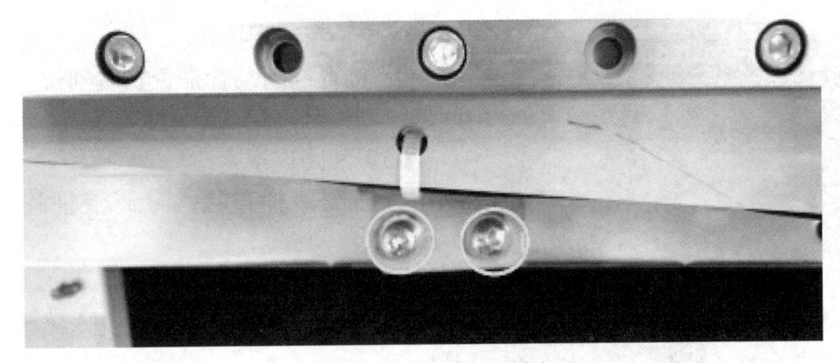

图6-22 抓杯手的固定板

⑤ 拆卸样本运输机构的固定板 拆下仪器台面板中间的面壳，如图 6-23 所示。小心将台面板放置到一旁，放置过程中注意保护底物指示灯按钮的接线，如图 6-24 所示。在样本架放入区前端、样本运输机构的右侧，可见样本运输机构的固定板。拆下该固定板的四颗固定螺钉，取出固定板。还原台面板。

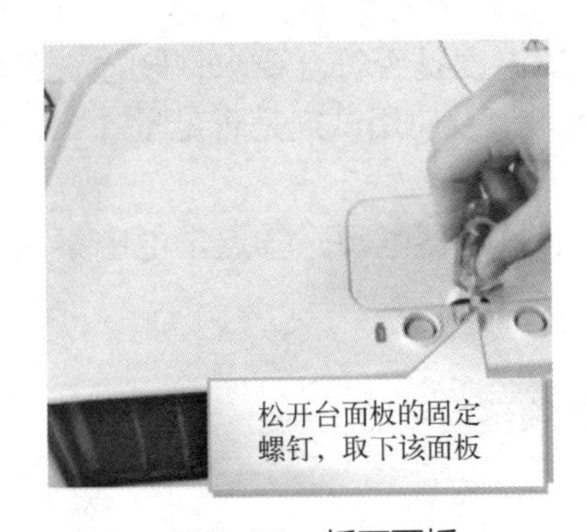

图6-23 拆下面板

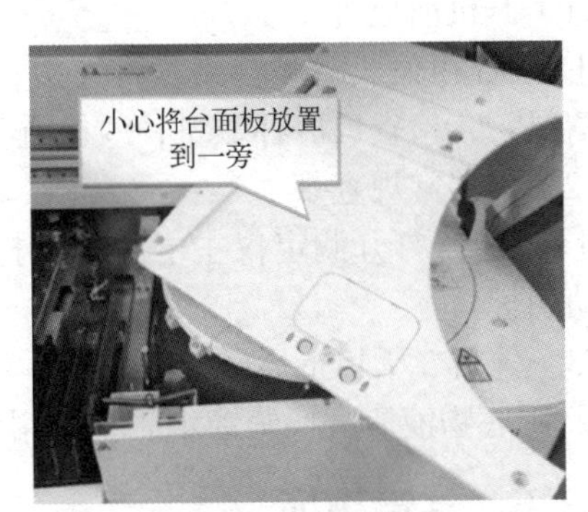

图6-24 放置面板

（4）安装蠕动泵管

① 取下仪器后端右侧面板（较小的一块背板），可以看到磁分离蠕动泵组件，如图 6-25 所示。

② 取下磁分离蠕动泵的限位面壳（需要松开上下两个内六角螺钉）。

③ 将四阶蠕动泵泵管卡到位，并将限位卡扣调整到可以正好进入卡扣限位板的位置，如图 6-26 所示。

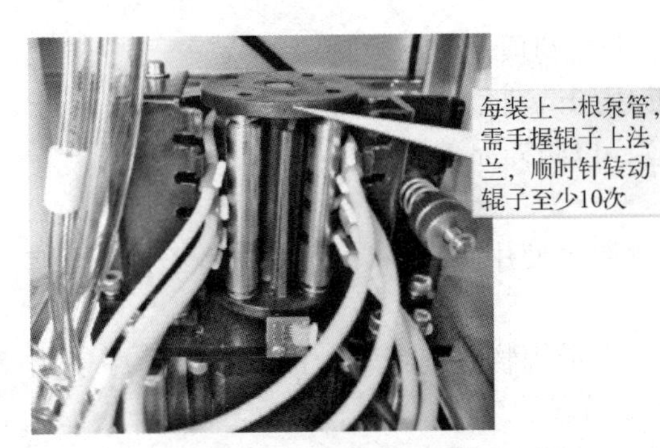

图6-25 安装蠕动泵管

图6-26 卡扣限位板

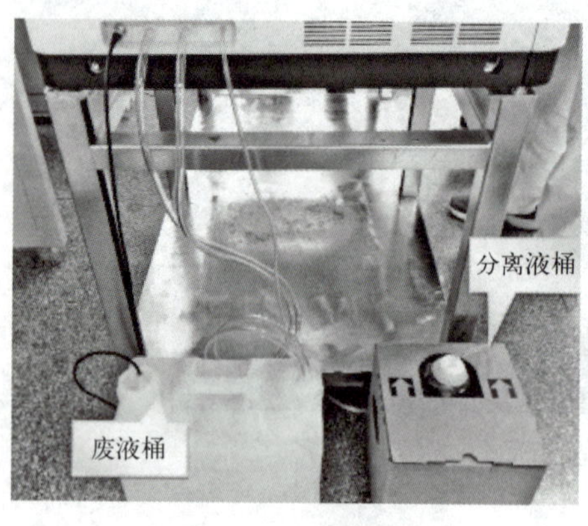

图6-27 液路连接

④ 安装卡扣限位板。

⑤ 检查蠕动泵管是否安装到位，如果没有问题，则磁分离蠕动泵管安装完毕。

（5）液路连接

包括废液桶连接、分离液桶连接，如图6-27所示。

（6）线路连接

① 键盘、鼠标接收器插头连接到主机相应接口。

② 通过USB连接打印机与主机。

③ 用电源线将仪器插座与电源连接牢固（带“I”“O”标识的开关为测定仪主电源开关）。

6.2.3.4 仪器操作

（1）开机前检查

① 检查相关线路和管路是否连接；②检查环境温度是否符合要求；③检查各模块损坏情况；④检查反应杯数量；⑤检查清洗液、维护液及应用试剂是否足量。

（2）仪器常规登录

① 接通并打开测定仪主电源；②打开工控机、显示器电源；③点击电脑桌面测定仪启动图标。

（3）停机3天以上后登录

① 用底物液瓶替换蒸馏水瓶；②用清洗液桶替换蒸馏水桶。

6.2.3.5 注意事项

① 请按制造厂规定的方法来使用仪器，防止仪器损坏；制造商有责任向顾客或用户提供设备的电磁兼容信息。

② 经常检查电源线连接是否可靠，熔断器是否正常，发现问题及时处理。

③ 不要将仪器放在难以操作断开装置的位置。

④ 在仪器开机的情况下，打开显示器，装载试剂盒，要求试剂盒使用前必须在试剂区内摇匀至少30min。

⑤ 仪器正常运行后，运行环境温度变化≤2℃。

⑥ 测试结束后，进行相应维护工作。

⑦ 仪器异常关机后，应手动将加样臂Z轴上提到顶端。

⑧ 测试过程中不允许插拔已预约或正在使用的试剂盒。

⑨ 检测人员使用仪器时，要使用防护手套，以防样品溅到皮肤上。

⑩ 建议在设备使用之前评估电磁环境。

⑪ 禁止在强辐射源旁（例如非屏蔽的射频源）使用本设备，否则可能会干扰仪器正常工作。

⑫ 在干燥环境中，尤其是存在人造材料（人造织物、地毯等）的干燥环境中使用本仪器时，可能会引起损坏性的静电放电，导致错误的结论。

⑬ 设备不应与其他设备接近或者叠放使用，如果必须接近或者叠放使用，应观察

验证在其使用配置下能否正常运行。

6.2.4　任务实施

请仔细阅读【任务准备】回答下列问题。

1. 开箱前需要检查什么？

2. 开箱后需要检查什么？

3. 仪器安装常用哪些工具？

4. 总结仪器安装的环境要求。

5. 仪器的固定板 / 模块有哪些？

学习笔记

实训任务单

1. 请找出仪器的固定板在哪些位置。

2. 请选择正确工具，拆卸这些固定板。

6.2.5 任务评价

小组内部进行自评，其他小组进行互评，然后由老师进行点评，评价结果写在下面文本框内。

评价意见

小组内部意见

其他小组意见

教师点评

任务 6.3 化学发光免疫分析仪的保养与维护

6.3.1 任务描述

为保证化学发光免疫分析仪的正常运行，需要对仪器进行每日保养、每周保养、每月保养、按需保养。

6.3.2 任务学习目标

素养目标	知识目标	技能目标
1. 培养学生树立科技强国和科技兴国的坚定信念； 2. 培养学生创新精神和实践能力； 3. 强化学生规范操作意识。	掌握化学发光免疫分析仪的维护工具和维护项目。	能够正确维护化学发光免疫分析仪。

6.3.3 任务准备

6.3.3.1 工具准备

M3 内六角扳手、M4 内六角扳手、十字螺丝刀、加样针通针尼龙线（直径 0.5mm）、洗涤针通针钢丝、无绒布、纱布、刷子（清洗桶时用）、医用消毒液（75% 的乙醇）、0.5% 的次氯酸钠溶液、医用防护手套、纯化水、镊子。

试一试

你能在实训室中准备好这些工具吗?

6.3.3.2 化学发光免疫分析仪的保养与维护内容

化学发光免疫分析仪的按需保养：一般一年四次，分别是第一次季度维护、半年维护、第二次季度维护和年度维护，具体维护时间根据不同品牌厂家要求不同。

（1）每日保养

包括擦拭仪器台面、完成清洗程序，检查清洗液桶，检查维护液桶，检查废液桶，压缩数据库，清洗废液传感器。

所需工具：纯化水、医用消毒液、纱布、无绒布。

① 擦拭仪器台面　仪器台面容易滴洒上试剂、反应液和血清，要及时清除。仪器关机后，用纱布蘸上纯化水，将仪器台面擦拭干净，同时，用纱布蘸上医用消毒液（75% 的乙醇），对仪器台面进行消毒。

② 检查清洗液桶　清洗液桶是外置的，可取下直接清洗。检查清洗液桶底部是否干净，如果已经变脏，取下清洗液桶，用纯化水充分清洗后再放入或更换新的清洗液桶。

③ 检查维护液桶　检查维护液桶底部是否干净，如果已经变脏，取下维护液桶，用纯化水充分清洗后再放入或更换新的维护液桶。

④ 检查废液桶　检查废液管与仪器连接的接头处是否漏液。若漏液，用纱布将接头上的液体擦干后，拧开接头，检查废液管是否有堵塞，清除堵塞后重新拧紧接头，如果仍然漏液，则及时更换。检查废液管有无折弯，如有折弯，将其理顺。检查废液桶是否有泄漏，如果有泄漏，请更换新的废液桶。

（2）每周保养

包括清洗水瓶和废液桶、查看过滤器，分别清洗样品探针、试剂探针、吸水探针，清洗探针工作台。

所需工具：纯化水、医用消毒液、刷子、纱布、无绒布、0.5% 的次氯酸钠溶液。

① 清洗废液桶　拧开废液桶盖，取出废液管，将 200mL 的 0.5% 的次氯酸钠溶液倒入废液桶，用刷子进行反复清洗。

② 清洗探针　针外壁、针尖搅拌部分等，不清洁时会有血清、试剂、水分等附着，关机后要及时检查。若有上述情况，则将加样针移动到样本区的指定位置，用无绒布蘸上医用消毒液（75% 的乙醇），轻轻擦拭加样针尖，直到无明显可见附着物；用加样针通针尼龙线（直径 0.5mm）疏通加样针，确保加样针无堵塞。

（3）每月保养

包括废液桶用漂白液清洗浸泡 30 分钟，查看蠕动泵，查看过滤器，每 4 个月更换过滤器，保养加样臂。

所需工具：医用消毒液、纯化水、纱布、无绒布、0.5% 的次氯酸钠溶液、润滑脂。

保养加样臂：使用无绒布擦拭加样臂 *Z* 轴，去除残留的灰尘。特别注意的是不要擦拭 *X* 轴或 *Y* 轴导轨。导轨上有一种油脂，不需要去除，除非发现“非常”脏。清洁加样臂时禁止使用乙醇及其他酸 / 碱性溶液。如果使用环境恶劣导致润滑作用下降（元器件生锈等），需要定期使用润滑剂。用无绒布清洁洗涤模块升降台齿光轴和光轴。将测量室背面的螺钉拆下后，打开测量室盖检测底物液管路及周围是否有白色的结晶或其他异物，如果有需用棉签蘸纯化水进行清洁；打开仪器后部上侧盖板，检查各底物液泵部分是否有白色结晶，如果有的话需要进行清洁或更换。

（4）按需保养

包括清洁分离液桶盖（如表 6-2 所示）、清洗防尘网（如表 6-3 所示）、清洁抓杯手（如表 6-4 所示）、更换磁分离吸液蠕动泵（如表 6-5 所示）。

表6-2　清洁分离液桶盖

维护项目名称	清洁分离液桶盖
维护对象	分离液桶盖
维护周期/时机	工程师：3 个月（1/2/3/4 季度维护）
维护原因	装载、更换分离液时，需将桶盖上的接头断开连接，此时，会有轻微分离液滴落至桶盖上。为防止液体滴落至其他部件，或风干结晶后堵塞瓶盖上的排气孔，需要执行此项维护
维护内容	清洁分离液桶盖
维护用品	无
注意事项	操作前必须戴上手套，防止生物风险
仪器状态	整机断电，孵育或待机状态
操作步骤	①拉出洗液托盘； ②将桶盖取下，用干净的移液器吸头（TIP头）将排气孔内的堵塞物轻轻剥离； ③用去离子水清洗干净桶盖； ④最后用干净纸巾擦拭后重新装入使用
确认方法	再次确认分离液桶盖是否清洗干净
维护用时	3min

表6-3　清洗防尘网

维护项目名称	清洗防尘网
维护对象	整机防尘网
维护周期/时机	工程师：3个月（1/2/3/4季度维护）
维护原因	长期运转时，防尘网上会有灰尘堵塞空隙，使整机进风量不足，整机温升偏高及试剂制冷能力下降
注意事项	①如采用吸尘器清理防尘网灰尘时，可以不将防尘网2、3取下。 ②如用毛刷、清水清理防尘网时，所有防尘网必须全部取下。 ③防尘网处于潮湿状态时禁止装回仪器，必须完全干燥后才能装回。 ④防尘网装回系统时，必须复原其状态，不得留有空隙
仪器状态	关机
操作步骤	①确认仪器电源已关闭，打开仪器前罩； ②从仪器的右侧取下防尘网1，打开左侧和后背面壳，取下防尘网2、3，双手向内按住防尘网向上提起，然后向外即可取出防尘网1，防尘网2、3需要拆掉仪器的左面板和后背面壳才能取出； 防尘网1　防尘网2　防尘网3 ③用吸尘器、毛刷或清水清洁防尘网，并自然晾干； ④将清洗后晾干的防尘网重新装回仪器
确认方法	采用目视法，在充足光线下观察防尘网上灰尘情况，要求无明显堵塞
维护用时	10min

表6-4　清洁抓杯手

维护项目名称	清洁抓杯手
维护对象	抓杯手
维护周期/时机	工程师：3个月（1/2/3/4季度维护）
维护原因	抓杯手抓杯子时间久了之后可能会变脏，需要清洁，否则可能导致抓杯失败
维护内容	清洁抓杯手
维护用品	无尘纱布、酒精
注意事项	操作前必须戴上手套，防止生物风险

续表

维护项目名称	清洁抓杯手
仪器状态	整机断电
操作步骤	①确保整机电源已经关闭； ②打开前防护罩； ③用螺丝刀将抓杯手罩盖的固定螺钉松开，取下面壳； ④用无尘纱布蘸酒精擦拭手指内外表面，使手指表面无粉尘、污渍、锈迹等附着，露出金属光泽
确认方法	观察手指表面无粉尘、污渍、锈迹等附着，露出金属光泽
维护用时	8min

表6-5　更换磁分离吸液蠕动泵

维护项目名称	更换磁分离吸液蠕动泵
维护对象	磁分离吸液蠕动泵
维护周期/时机	蠕动泵功能异常时
维护原因	蠕动泵长时间使用后管路可能失效，导致磁分离时溢流或清洗液进液失败，应定期更换蠕动泵管路
维护内容	更换蠕动泵
维护用品	无
注意事项	操作前必须戴上手套，防止生物风险
仪器状态	整机断电，孵育或待机状态
操作步骤	①徒手拔掉泵电机电源线、光耦线插头； ②徒手打开管路压块并取下； 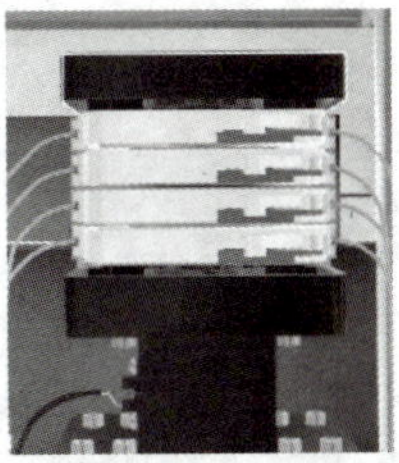 ③取出泵管，用十字螺丝刀拧下4颗固定蠕动泵组件的盘头十字螺栓； ④徒手取下蠕动泵组件，并装上新的蠕动泵组件； ⑤用十字螺丝刀拧上4颗十字螺栓并连接4根泵管； ⑥徒手装上管路压块并扣紧； ⑦连接泵电机电源线、光耦线插头
确认方法	泵正常工作
维护用时	8min

6.3.4 任务实施

请仔细阅读【任务准备】回答下列问题。

1. 化学发光免疫分析仪的按需保养：一般一年________次。
2. 每日、每周、每月维护内容有哪些？

____

____

____

3. 按需维护内容有哪些？

____

____

____

学习笔记

实训任务单

选择正确的工具按照规范操作要求进行清洁分离液桶盖、清洗防尘网、清洁抓杯手、更换磁分离吸液蠕动泵实操练习。

6.3.5 任务评价

小组内部进行自评，其他小组进行互评，然后由老师进行点评，评价结果写在下面文本框内。

评价意见

小组内部意见

其他小组意见

教师点评

项目巩固

化学发光免疫分析仪从20世纪90年代发展至今，已经成为一种成熟的、先进的超微量活性物质检测技术，应用范围广泛。它将化学反应和免疫反应相结合，仪器基本结构包括材料配备部分、液路系统部分、分析部分、操作部分（计算机系统）、结果输出部分。仪器要选择正确的安装环境与安装工具按照说明书要求进行安装，同时，为保障仪器正常工作，要对仪器进行每日、每周、每月及定期的维护。

学习笔记

项目学习成果评价

请根据下表要求对本活动中的工作和学习情况进行打分。

项目	项目要求		配分	评分细则	得分
职业素养（20）	纪律情况（5）	按时到岗，不早退	1	违反规定，每次扣1分	
		积极思考，回答问题	2	根据上课统计情况得0～2分	
		三有（有工作页、笔、书）	1	违反规定每项扣0.3分	
		完成任务情况	1	根据完成任务进度扣0～1分	
	职业道德（10）	能与他人合作	3	不符合要求不得分	
		主动帮助同学	3	能主动帮助他人得3分	
		认真、仔细、有责任心	4	对工作精益求精且效果明显得4分，对工作认真得3分，其余不得分	
	卫生意识（5）		5	保持良好卫生，地面、桌面整洁得5分，否则不得分	
职业能力（60）	识读任务书（10）	案例认知	10	能全部掌握得10分，部分掌握得5～8分，不清楚不得分	
	资料收集（20）	收集、查阅、检索能力	20	资料查找正确得20分，不完整得13～18分，不正确不得分	
	任务分析（30）	语言表达能力、沟通能力、分析能力、团队协作能力	30	语言表达准确且具有针对性。分析全面正确得30分，不完整得10～28分	
工作页完成情况（20）	按时完成工作页	按时提交	5	按时提交得5分，迟交不得分	
		内容完成程度	5	按完成情况分别得1～5分	
		回答准确率	5	视准确率情况分别得1～5分	
		有独到见解	5	视见解程度分别得1～5分	
总分					

学生总结：

项目7 电解质分析仪

项目导读

电解质分析仪是采用离子选择电极测量离子浓度的分析仪器。本项目主要介绍电解质分析仪的临床应用、基本原理、基本组成和结构、安装、日常维护和保养等有关知识，为今后从事电解质分析仪相关生产、售后维护、销售等工作奠定基础。

项目学习目标

素养目标	知识目标	能力目标
1. 培养学生守法诚信、自强不息、爱岗敬业的精神； 2. 培养学生爱国意识，弘扬社会主义核心价值观。	1. 掌握电解质分析仪的工作原理、基本组成和结构； 2. 熟悉电解质分析仪的临床应用。	1. 能够安装电解质分析仪； 2. 能够完成电解质分析仪的日常维护工作； 3. 能够分析电解质分析仪的常见故障并维护。

情境引入

秋季开学时期，骨三科收治一位四肢无力患者，患者为男性，21岁，军训时双手抱头深蹲后出现全身无力，活动未见明显异常，入院5小时前患者起床时出现全身无力症状，下床困难，下床时摔伤左膝部，不能行走。入院后，主治医生快速做出判断：急查患者电解质。结果显示血清钾浓度2.54mmol/L，经过口服及静脉补钾，患者血清钾浓度提升至4.6mmol/L，患者四肢无力情况缓解好转。

诊断结果：电解质紊乱（低钾血症）。

问题思考：1. 请问上述案例中使用什么检验仪器检查钾离子浓度？

2. 此仪器还可以检查哪些指标？

记一记

任务 7.1 电解质分析仪基础知识认知

7.1.1 任务描述

电解质是溶于水或在熔融状态下能够导电的化合物。根据其电离程度可分为强电解质和弱电解质，几乎全部电离的是强电解质，只有少部分电离的是弱电解质。电解质都是以离子键或极性共价键结合的物质，溶解于水中或在受热状态下能够解离成自由移动的离子，故在水溶液中或熔融状态下能够导电。某些共价化合物也能在水溶液中导电，但也存在固体电解质，其导电性来源于晶格中离子的迁移。

人体血浆中主要的阳离子是 Na^+、K^+、Ca^{2+}、Mg^{2+}，对维持细胞外液的渗透压、体液的分布和转移起着决定性的作用。细胞外液中的阴离子以 Cl^- 和 HCO_3^- 为主，二者除保持体液的张力外，对维持酸碱平衡也有重要作用。通常，体液中阴离子总数与阳离子总数相等，并保持电中性。当任何一种电解质数量改变时，将导致不同的机体损害，即出现电解质紊乱。临床上通常采用电解质分析仪或具有电解质分析的生化分析仪来对人体电解质进行测定。

7.1.2 任务学习目标

素养目标	知识目标	技能目标
1. 培养学生守法诚信、自强不息、爱岗敬业的精神； 2. 培养学生爱国意识，弘扬社会主义核心价值观。	1. 掌握电解质分析仪的工作原理、基本组成和结构。 2. 熟悉电解质分析仪的临床应用。	能够清楚表述电解质分析仪的主要结构及工作原理，并能对客户进行相关知识的培训。

7.1.3 任务准备

7.1.3.1 电解质分析仪的临床应用

电解质分析仪是一种测量快速、操作简单、由微处理机控制的临床检验分析仪器，它采用先进的离子选择电极测量技术，主要用于临床电解质的分析。在生化检验中，电解质分析仪主要用于对血清、血浆（全血）或其他体液中钾、钠、氯、钙、锂等离子浓度的测定。因为人体内电解质的紊乱会引起各器官、脏器生理功能的失调，特别对心脏和神经系统影响较大，所以电解质分析仪已成为评价人体内环境的主要工具之一，如图 7-1 所示。

7.1.3.2　电解质分析仪的基本原理

电解质分析仪的设计是基于电化学分析法（electrochemical analysis）。电化学分析法是建立在溶液电化学性质基础上，并利用这些性质通过电极这个变化器，将被测物质浓度转变为电学参数而进行检测的方法。电解质分析仪的分析原理如图 7-2 所示。

图7-1　电解质分析仪

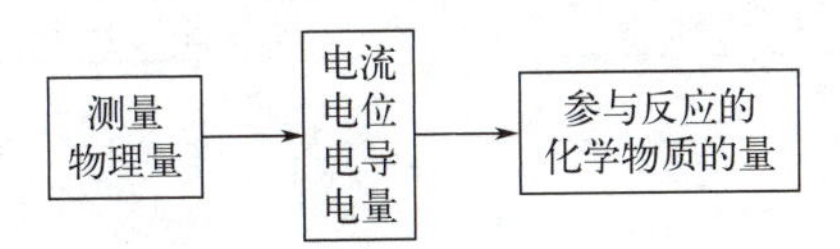

图7-2　电解质分析仪的分析原理

想一想

什么是电极？之前了解过哪些产品应用电极？

____

____

____

电解质分析仪采用离子选择电极（ISE）测量体液中的离子浓度，如图 7-3 所示。其特点是仅对溶液中特定离子有选择性响应。

离子选择电极法属于电位分析法，它是根据离子选择电极的电极电位与溶液中待测离子的浓度或活度的关系进行分析测定的一种电化学分析方法。根据能斯特方程，电极电位与离子活度的对数成正比，因此可对溶液建立起电极电位与活度的关系曲线，此时测定了电极电位即可确定离子活度。

能斯特方程（Nernst equation）：

$$E_{\mathrm{ISE}} = E_0 + \frac{2.303RT}{nF}\ln c_x f_x$$

式中　E_{ISE}——离子选择电极在测量溶液中的电极电位；

E_0——离子选择电极的标准电极电位；

n——被测离子的电荷数；

R——气体常数，8.314J/（K・mol）；

T——绝对温度，273+t℃；

F——法拉第常数，96487C/mol；

c_x——被测离子的浓度；

f_x——被测离子活度系数。

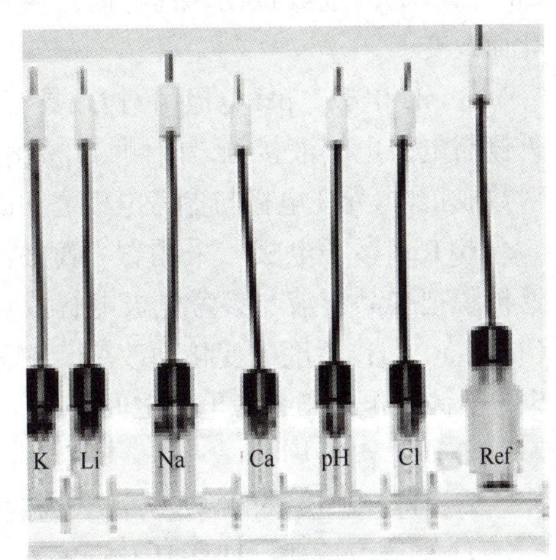

图7-3　离子选择电极

从能斯特方程中可以看出，在一定的实验条件下，离子选择电极的电极电位与溶液中被测离子活度（或浓度）的自然对数呈线性关系。

想一想

仔细观察图 7-3 中含有哪些电极？

____

____

____

（1）电极结构及工作原理

① 钾电极　钾电极由对 K^+ 具有选择性响应的中性载体和聚氯乙烯等组成。此敏感膜的一侧与电极电解液接触，另一侧与样品溶液接触，膜电位的变化与样品溶液中 K^+ 活度的对数成正比，钾电极与参考电极之间的电位差随样品溶液中 K^+ 活度的变化而改变。

② 钠电极　钠电极由对 Na^+ 具有选择性响应的特殊玻璃毛细管等组成。玻璃毛细管的外侧与电极电解液接触，内侧与样品溶液接触，毛细管膜电位的变化与样品溶液中 Na^+ 活度的对数成正比，钠电极与参考电极之间的电位差随样品溶液中 Na^+ 活度的变化而改变。

③ 氯电极　氯电极由对 Cl^- 具有选择性响应的中性载体和聚氯乙烯等组成。此敏感膜的一侧与电极电解液接触，另一侧与样品溶液接触，膜电位的变化与样品溶液中 Cl^- 活度的对数成反比，氯电极与参考电极之间的电位差随样品溶液中 Cl^- 活度的变化而改变。

④ 钙电极　钙电极由对 Ca^{2+} 具有选择性响应的中性载体和聚氯乙烯等组成。此敏感膜的一侧与电极电解液接触，另一侧与样品溶液接触，膜电位的变化与样品溶液中 Ca^{2+} 活度的对数成正比，钙电极与参考电极之间的电位差随样品溶液中 Ca^{2+} 活度的变化而改变。

⑤ pH 电极　pH 电极由对 H^+ 具有选择性响应的玻璃毛细管等组成。玻璃毛细管的外侧与电极电解液接触，内侧与样品溶液接触，膜电位的变化与样品溶液中 H^+ 活度的对数成正比，pH 电极与参考电极之间的电位差随样品溶液中 H^+ 活度的变化而改变。

⑥ Ref 参考电极　采用银 / 氯化银（Ag/AgCl）作为参考电极，参考电极采用一透析膜把样品溶液与参考电极电解液隔开，参考电极的电位不随样品溶液中 K^+、Na^+、Cl^-、Ca^{2+}、H^+ 活度的变化而改变。它为电化学电池电动势的测量提供一个恒定的参考电位。测量电极与参考电极之间的电位差随样品溶液中离子活度的变化而改变。

（2）测定方法

离子选择电极法的测定方法分为两种：一种是直接电位法，另一种是间接电位法。

① 直接电位法　即样品及标准液不经稀释直接进入离子选择电极管道进行电位分析。离子选择电极只对水相中解离的离子选择产生电位，与样品中的脂肪、蛋白质所占

据的体积无关。

② 间接电位法　样品及标准液要用指定的离子强度与 pH 稀释液做高比例稀释，而后送入电极管道测量其电位。

7.1.3.3　电解质分析仪的基本组成和结构

（1）基本组成

电解质分析仪通常由电极、管路系统、电路系统、显示器和打印机等部分组成。电解质分析仪的基本结构如图 7-4 所示。

电解质分析仪各部分的功能如下所述。

① 微机处理器中央控制　主要对仪器各部件的动作进行控制，并对前置放大器采集的电压值进行处理和计算，完成仪器设定的工作程序。

② 接口控制驱动单元　将计算机中央控制单元发出的控制命令进行电子驱动，以控制蠕动泵和电磁阀，完成仪器需要的动作。

③ 电极组　将电极管道中溶液浓度的变化转换成电极电位的变化。电极组包含钠电极、钾电极、氯电极、钙电极、pH 电极及 Ref 参考电极。离子选择电极膜电极的一般结构如图 7-5 所示，各离子电极及参比电极的结构如图 7-6 所示。

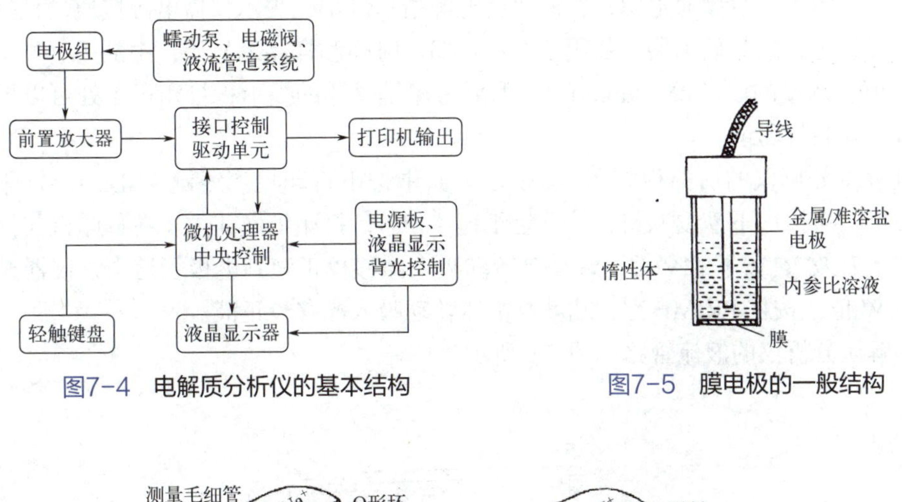

图7-4　电解质分析仪的基本结构

图7-5　膜电极的一般结构

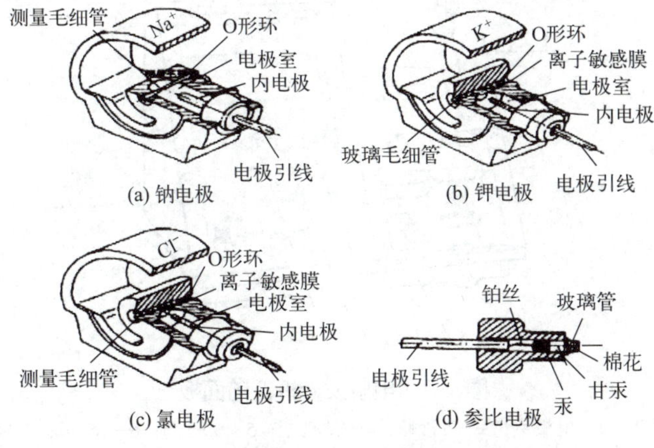

图7-6　各离子电极及参比电极结构

④ 前置放大器　将电极电位放大并输出给计算机。

⑤ 打印机输出　将测试结果打印出来。

⑥ 蠕动泵、电磁阀及液流管道系统　主要将校正液及吸取的样品按工作要求输送至电极管道中，并完成冲洗电极管道、排出废液的工作。

⑦ 电源板、液晶显示背光控制　输送直流电压至各工作部件，当仪器长时间不工作时自动关闭液晶显示，以节约电能，并保护液晶显示器。

⑧ 液晶显示器　将测量结果显示输出，并显示仪器操作提示等参数。

⑨ 轻触键盘　用于控制仪器工作和输入数据。

（2）某国内品牌电解质分析仪结构

以某国内品牌电解质分析仪为例展示介绍电解质分析仪的结构，其前面板如图 7-7 所示。其中吸样针用于吸取样品溶液，吸样时先把吸样针推出，然后插入样品溶液中；电极室内有六个电极，从左到右分别为钾电极、钠电极、钙电极、pH 电极、氯电极、Ref 参考电极，此外还有蠕动泵转轴头及泵管、电磁阀及各种连接管道；废液瓶用于收集测量后废弃的校正液、清洗液及各种样品液；试剂瓶用于装漂移校正液（即定标 1 溶液）；YES 键用于确认调整的数据和中文提示的项目；NO 键用于否认中文提示的项目；⇳键用于调整日期、时间、质控值的数据及寻找显示存储测量值的数据；电源指示灯（双色）用于提示接通电源，红绿双色电源指示灯都亮表示仪器电源接通，且打印机处于在线状态；液晶显示器上部用于显示日期、时间和样品编号等，中部用于显示各电极 MV 值、测量的浓度值（mmo/L），下部为操作仪器的提示；打印机盖处可以更换打印色带和新装打印纸。

电解质分析仪的后面板如图 7-8 所示。其中按下打印机离线键（SEL），打印机与仪器脱机，再按一下恢复联机；按下走纸键（LF），打印纸向前进（在打印机与仪器脱机状态下有效）；按下 MV 键，蠕动泵转动吸入漂移校正液到电极管道中，仪器显示各电极的 W 值；按住 PRIME 键，蠕动泵快速转动吸入漂移校正液。

电解质分析仪的液流管路如图 7-9 所示。

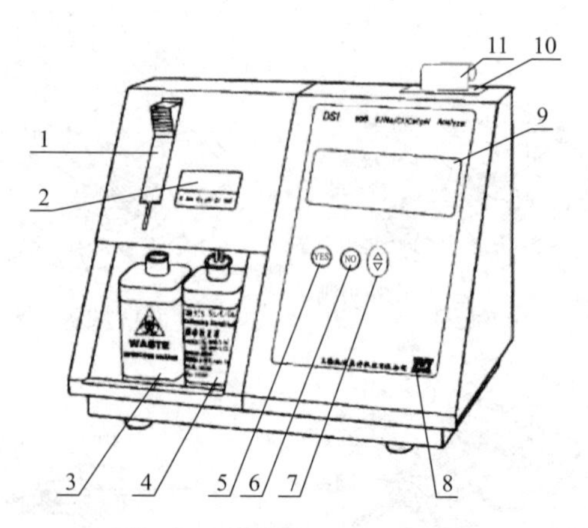

图7-7　电解质分析仪前面板

1—吸样针；2—电极室；3—废液瓶；4—试剂瓶；5—YES键；6—NO键；7—⇳键；
8—电源指示灯（双色）；9—液晶显示器（LCD）；10—打印机盖；11—打印纸

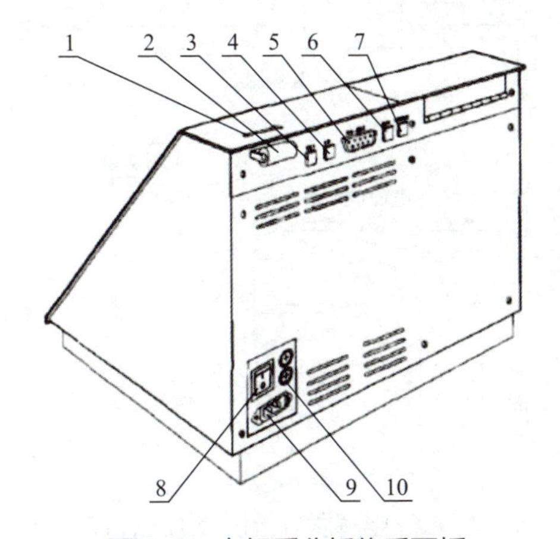

图7-8　电解质分析仪后面板

1—打印机出纸口；2—打印机纸架；3—打印机离线键（SEL）；4—走纸键（LF）；5—RS-232接口；6—MV键；7—PRIME键；8—电源开关；9—电源插座；10—熔断器

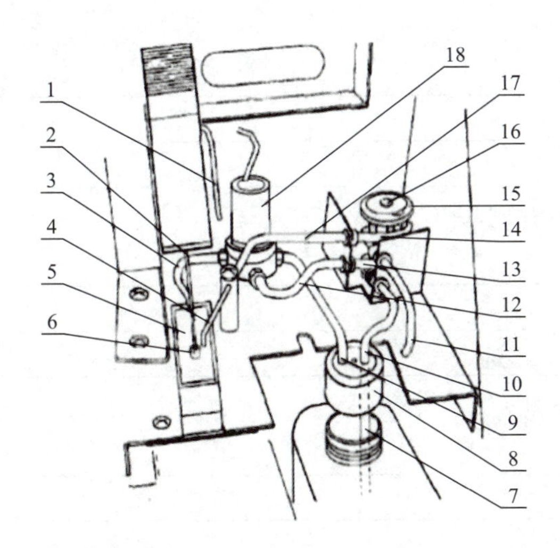

图7-9　电解质分析仪液流管路

1—吸样管（80mm）；2—吸样针；3—电磁阀出液管（70mm）；4—废液针；5—废液槽；6—冒液孔；7—漂移校正液内液管（125mm）；8—瓶盖；9—电磁阀回液管（11mm）；10—漂移校正液吸液管（100mm）；11—电极出液管（85mm）；12—电磁阀进液管（75mm）；13—黑泵管（66mm）；14—白泵管（66mm）；15—蠕动泵；16—泵架固定螺钉；17—废液管（70mm）；18—电磁阀

7.1.3.4　液路工作流程

在蠕动泵的作用下，取样针吸取样本进入反应杯，同时吸取试剂加入反应杯与样本反应。反应完成后，进入电极组进行分析。分析完成后，在蠕动泵的作用下，将废液排放到废液瓶中，完成检测，如图 7-10 所示。

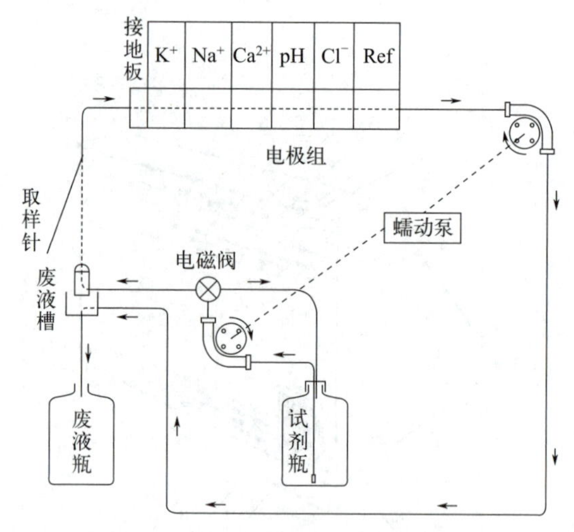

图7-10 电解质分析仪液路工作流程

7.1.4 任务实施

请仔细阅读【任务准备】回答下列问题。

1. 什么是电解质?

____

____

____

2. 人体中的电解质有哪些?

____

____

____

3. 什么是电解质紊乱?

____

____

____

4. 测定电解质的仪器有哪些?

____

____

____

5. 电极组结构设计原理是什么?

____

____

____

6. 电解质分析仪的测定方法有________________和________________。

7. 参比电极有几种？其结构是什么？可作图表示。

8. 电极的基本结构是什么？可作图表示。

学习笔记

实训任务单

1. 小组内成员进行角色扮演，扮演售后工程师的同学向扮演客户的同学就电解质分析仪进行介绍。

2. 推选代表向全班同学进行讲演。

7.1.5　任务评价

小组内部进行自评，其他小组进行互评，然后由老师进行点评，评价结果写在下面文本框内。

评价意见

小组内部意见

其他小组意见

教师点评

电解质分析仪

电解质分析仪检测原理及电极组装

电解质分析仪基本结构及液路系统原理

电解质分析仪电极组的安装

电解质性质

任务 7.2　电解质分析仪的安装

7.2.1　任务描述

某医院购置了一台国产电解质分析仪，公司派一名工程师到该医院进行安装和操作培训。

7.2.2 任务学习目标

素养目标	知识目标	技能目标
1. 培养学生守法诚信、自强不息、爱岗敬业的精神; 2. 培养学生爱国意识，弘扬社会主义核心价值观。	熟悉电解质分析仪的安装环境要求。	能够独立操作电极、电极组件、泵管等安装，并会调试电解质分析仪。

7.2.3 任务准备

该电解质分析仪是一台带微处理器的电解质分析仪，可用来测量全血、血清、血浆或尿液中的 Na^+、K^+、Cl^-、Ca^{2+}、Li^+ 和 pH 值。如配上加样装置，就可以进行全自动分析。

7.2.3.1 仪器的特点

① 采用微处理器技术，仪器工作全部由电脑程序控制。

② 大屏幕 LED 带背光液晶显示，菜单提示，人机对话，操作过程极为简便。

③ 自样品吸入后到显示结果小于 30s，均以 mmol/L 值显示。

④ 仪器自动进行一点定标校正和两点定标校正，自动化程度高。

⑤ 清晰可见的测量腔，如有气泡或血凝块进入可快速排出。

⑥ 24 小时连续开机，10 分钟不测试自动进入休眠状态，每 2 小时自动进行一次一点定标校正，确保样品随时可做。

⑦ 具有质控程序，以适应不同地区的质控标准，并能进行质控数据处理，计算出平均值、标准差（SD）和变异系数（CV%）值。

⑧ 分析结果不仅在液晶显示器上显示，还可用内置打印机打印出检验报告。

⑨ 仪器设有 RS-232 标准接口，可与外部计算机连接。可进行远距离通信和数据处理。

⑩ 可以存储多个样品测定结果（200 个样品）。

7.2.3.2 仪器的使用环境条件

① 确保仪器周围环境干净无灰尘。

② 确保仪器安装平稳，避免震动。

③ 安装仪器的地方必须避免阳光直射以及潮湿。

④ 确保使用仪器的环境温度在 5 ～ 40℃的范围内，相对湿度 10% ～ 93%。

⑤ 仪器使用电源电压必须在 220V±10%、50Hz±2% 范围内。如果电源电压超过仪器所要求的范围，请外接稳压电源。

⑥ 确保仪器周围没有离心机等强电磁干扰源。

7.2.3.3 仪器安装

（1）安装要求

本分析仪所用电源线为三芯插头，接地必须良好。如电源连接线没有可靠接地，必须另接专用地线，以确保安全和测量的稳定性。如果电源电压超过仪器所要求的范围，请外接稳压电源。

（2）准备工作

在连接电解质分析仪电源线前必须确定分析仪电源开关处于关闭状态，将分析仪电源线一头连接分析仪，另一头插入接地良好的220V交流电源插座。打开仪器电源开关，仪器显示“调整日期吗？”，此时说明仪器电源已连接，可以进入正常工作。

（3）电极安装

① 将钾电极、钠电极、氯电极、钙电极、pH电极从包装盒中取出。

② 将参考电极组从包装盒中取出，按图7-11所示逆时针方向拧下参考电极芯，放置在干净的纸上。

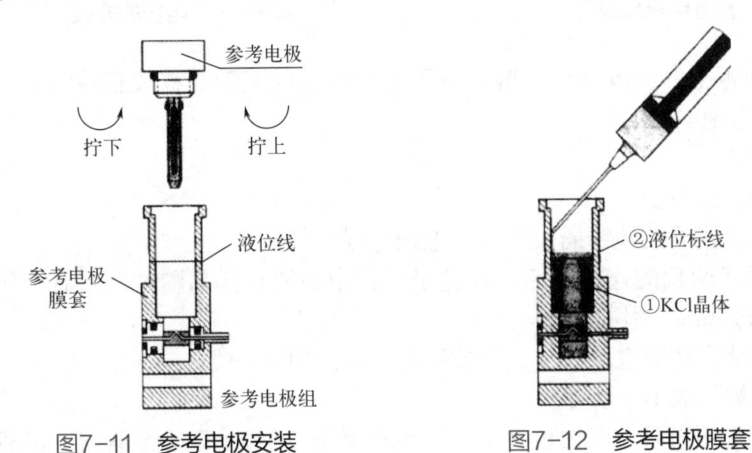

图7-11 参考电极安装　　图7-12 参考电极膜套

③ 按图7-12所示，将KCl晶体放入参电极膜套内，并加参考电极电解液到液位标线止。

④ 静待5分钟，使参考电极电解液内的KCl充分饱和。按图7-13所示，将加液孔密封圈推向下部露出加液小孔（如果参考电极玻璃管内已有液体，可以从加液小孔中用无菌注射器将参考电极玻璃管内的液体抽干）。

⑤ 用注射器吸取参考电极膜套内已被KCl晶体充分饱和的参考电极电解液至图7-12所示的液位标线。

⑥ 按图7-13所示将刚吸取的参考电极电解液注入参考电极玻璃管加液小孔。注意：从加液小孔到底部这一段玻璃管内绝对不能有气泡（如果有气泡可拿住参考电极上部甩电极，使底部气泡上升后，继续加入参考电极电解液）。

⑦ 按图7-13所示将加液孔密封圈推向上部堵住加液小孔。

⑧ 按图7-11所示顺时针方向拧上内参考电极，拧紧并擦干净后放置在干净处备用。

（4）电极组件安装

① 从附件盒中取出电极体固定销，穿入钾电极、钠电极、钙电极、pH电极、氯电极、参考电极等电极体，并用两端螺母固定好各电极体（参见图7-14）。在固定各电极体时，要注意电极间的密封圈是否装妥、各电极之间是否平整，同时要将电极体表面擦干。

② 插上各电极的引线，然后把电极放入电极安装架，把吸样针一端的细硅橡胶管与接地块左边的不锈钢针连接，参考电极右边的连接管与抽样泵管的一端连接，并按图7-14所示将接地插头及六个电极电缆线插头分别按序插入放大板上的插座内，确保接触良好。

③ 装好废液瓶和漂移校正液瓶。

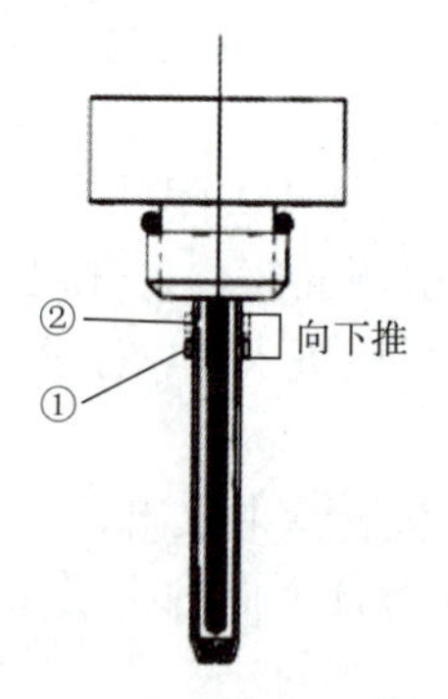

图7-13 参考电极玻璃管

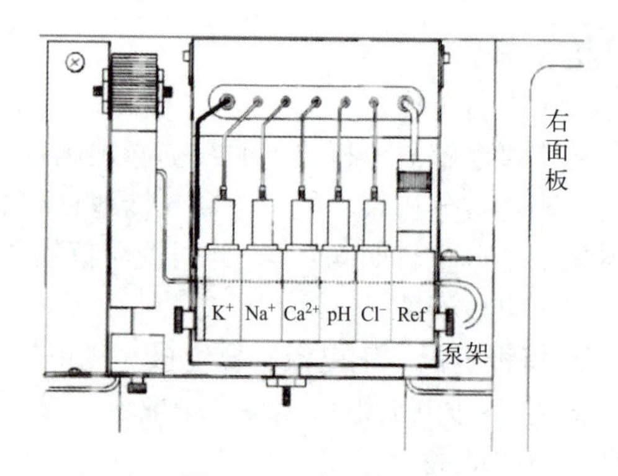

图7-14 电极的安装

④ 按住后面板上的“PRIME”键，直到电极管道内充满漂移校正液为止。此时电极管道内应没有气泡。

（5）泵管安装

① 打开仪器左面板盖。

② 从放大板上拔下接地线插头和六个电极电缆线插头。

③ 拔下电极组两端的连接管道。在整个过程中不能将样品测量腔平卧或倒放，否则气泡会跑到电极底部，引起故障。

④ 将电极组从安装架上取下，竖立放置在干净的地方。

⑤ 拧松固定螺母取下安装架。

⑥ 装上白、黑两根泵管（白色在上，黑色在下），并接上四个泵管接头的管道及其他各种连接管道。

⑦ 装上测量腔安装架，拧紧固定螺母。

注意：泵管需每九个月更换一次。

7.2.3.4 操作步骤

（1）开机

① 打开左面板，拿掉空的漂移校正液瓶，倒空废液瓶。

② 将废液瓶安装到左面的位置上，确保废液槽口在瓶口内。

③ 将漂移校正液取样管装入漂移校正液瓶子中，然后安装在右面的位置上。

④ 接通电源，仪器前面板右下角的电源指示灯亮并且屏幕显示“调整日期吗？”，此时仪器电源已连接，可以进入正常工作。屏幕上的年月日可以进行调整。

在电解质分析仪开机前如果已经关闭了几小时，甚至更长的时间，但是漂移校正液不是空的，则可直接从步骤④开始操作。

本分析仪需要24小时连续开机，如果断电后进行日常维护需要有30分钟的仪器稳定时间。如果关机时间较长的话，本分析仪的电极需要进行维护。

（2）定标1（漂移校正）

① 仪器自动冲洗结束，显示：

1999-12-04　10:37
正在进行定标1

② 自动吸入漂移校正液后约 6 秒，屏幕显示：

```
                    1999-12-04    10:38
K:3.99        Na:140.0      Cl:100.0
Ca:1.25       nCa:1.26      pH:7.38
            正在进行定标1
```

③ 数据稳定后，仪器显示：

```
                    1999-12-04    10:38
K=4.00        Na=140.0      Cl=100.0
Ca=1.25       nCa……         pH=7.38
        测量结束正在进行冲洗
```

④ 仪器自动冲洗结束，把定标 1 数值修正到理论值后自动进行第一次定标 1，过程同上。如果定标 1 数据不能通过，则仪器显示：

```
                    1999-12-04    10:39
K 4.00        Na 140.0      Cl 100.0
Ca 1.25       nCa……         pH 7.38
            进行定标1吗?
```

（3）定标 2（斜率校正）

仪器进行定标 2，显示如下界面，按“YES”键，仪器开始进行。

```
                    1999-12-04    10:40
K 4.00        Na 140.0      Cl 100.0
Ca 1.25       nCa……         pH 7.38
            进行定标2吗?
```

（4）样品测量

仪器进入测量状态时，此时按 NO 键，仪器提示是否要进行定标 1，按 NO 键；仪器提示“进行质控测量吗？”，若无需进行质控测量，再按 NO 键；仪器提示“显示存储测量值吗？”，若无需显示存储测量值，按 NO 键，此时仪器再次进入测量状态。在测量状态时，闪烁的样品号是本次将要测量的样品号，可以按照需要更改样品测量号。如要进行样品测量，先打开进样针，插入样品溶液中，按 YES 键仪器自动吸入样品液，听到仪器声响，移去样品液，推回进样针。

此时仪器显示：

```
No.000001           1999-12-04    10:42

            正在进行测量
```

约 8 秒后，仪器显示测量结果：

No.000001		1999-12-04 10:42
K:4.12	Na:140.8	Cl:99.7
Ca:1.00	nCa:1.14	pH:7.67
正在进行测量		

测量数据稳定后，仪器显示：

No.000001		1999-12-04 10:42
K=4.10	Na=140.5	Cl=100.0
Ca=1.02	nCa=1.17	pH=7.68
测量结束正在进行冲洗		

最后打印机打印出结果，仪器自动进行冲洗。

7.2.4 任务实施

请仔细阅读【任务准备】回答下列问题。

1. 电解质分析仪可以测定哪些指标？

2. 简述电解质分析仪的安装要求。

3. 蠕动泵和电磁阀的作用是什么？

4. “PRIME”键的功能是什么？

5. 电极组中的电极包括哪些？

实训任务单

完成以下操作练习：

1. 电极的安装。
2. 电极组件的组装。
3. 泵管的安装。
4. 仪器开机及定标。
5. 仪器的检测。

7.2.5 任务评价

小组内部进行自评，其他小组进行互评，然后由老师进行点评，评价结果写在下面文本框内。

评价意见

小组内部意见

其他小组意见

教师点评

任务 7.3 电解质分析仪的保养与维护

7.3.1 任务描述

仪器使用过程中需要进行定期的维护与保养，这样才能保证仪器正常运行，减少故障的发生。需要完成以下工作：

① 每日维护　检查漂移校正液是否够用，如有需要进行更换；仪器去蛋白保养；仪器外表的清洁保养。

② 每周维护　对电极进行活化保养。

③ 每月维护　更换、安装参考电极。

④ 定期维护　更换泵管。

7.3.2 任务学习目标

素养目标	知识目标	技能目标
1. 培养学生守法诚信、自强不息、爱岗敬业的精神； 2. 培养学生爱国意识，弘扬社会主义核心价值观。	了解电解质分析仪的安全保护装置及事故处理。	能够对电解质分析仪进行保养和维护，能分析出常见故障并能解决。

7.3.3 任务准备

7.3.3.1 电解质分析仪的维护和保养项目

（1）每日维护

① 检查漂移校正液是否够用，如有需要进行更换。

② 如果一天内样品超过 20 个，需做去蛋白保养。

③ 仪器外表的清洁保养：用干布或医用酒精棉清洁仪器外表。

（2）每周维护

① 对电极进行活化保养　电极活化剂只对 Na^+ 电极有作用，当 Na^+ 电极斜率校正值大于 115mmol 或稳定性差时，可用电极活化剂保养。具体操作为：推出吸样针并浸入电极活化剂小瓶中，按住“PRIME”键直到电极活化剂充满电极测量管道；然后移开电极活化剂小瓶，推回吸样针；等 1 分钟左右再按住后面板上的“PRIME”键，冲洗电极测量管道。

② 对电极进行去蛋白保养（每测 20 个血样需做一次去蛋白保养）　去蛋白液对各电极及管道的蛋白质污染都有作用。使用注射器吸取 1.5mL 的去蛋白液加入容器（离心杯）中，并盖上盖子来回摇动，等容器中的去蛋白酶粉完全溶解后即可使用。未用完部分可在 2 ～ 8℃中保存一周有效。具体操作为：推出吸样针并浸入已经配制好的去蛋白液容器（离心杯）中，按住“PRIME”键直到去蛋白液充满电极测量管道；然后移开去蛋白液容器（离心杯），推回吸样针；等 5 分钟左右再按住后面板上的“PRIME”键，冲洗电极测量管道。

（3）每月维护

补充参考电极电解液。参考电极电解液的补充步骤为：拆卸参考电极，然后逆时针方向拧下参考电极芯，放置在干净的纸上；将 KCl 晶体放入参考电极膜套内，并加参考电极电解液到液位线止；等 5 分钟以后（为了使参考电极电解液内的 KCl 充分饱和），将加液孔密封圈推向下部露出加液小孔，如果参考电极玻璃管内已有液体，可以从加液小孔中直接用无菌注射器将参考电极玻璃管内的液体抽干；用注射器吸取参考电极膜套内已被 KCl 晶体充分饱和的参考电极电解液，如图 7-15 所示；将刚吸取的参考电极电解液注入如图 7-16 所示的参考电极玻璃管加液小孔。从加液小孔到底部这一段玻璃管内不能有气泡，如果有气泡可甩动参考电极，使底部气泡上升后再继续加入参考电极电解液。加完参考电极电解液后将加液孔密封圈推向上部堵住加液小孔，按顺时针方向拧上内参考电极，拧紧并擦干净后放置在干净处备用。

图7-15　参考电极膜套

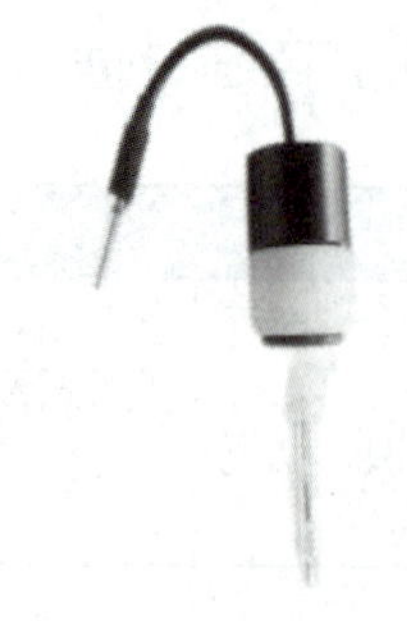

图7-16　参考电极玻璃管

（4）定期维护

① 电极组件安装　电极组件按照 7.2.3.3 节的步骤进行安装。

② 更换泵管　泵管更换后按照 7.2.3.3 节的步骤进行安装。

③ 参考电极膜架的装卸　参考电极膜使用六个月后需要进行更换。其更换步骤为：将参考电极体一起卸下，旋下参考电极，倒掉参考电极电解液；再用手指或硬物体顶住参考电极膜架出液头，用力将参考电极膜架顶出；然后用蒸馏水将参考电极壳体清洗干净，并将参考电极膜架安装孔擦干；取出新的参考电极膜架（注意：手指不能碰参考电极膜架的深灰色胶带部分），将参考电极膜中间小孔向上，对正参考电极壳体孔，用力推入即可，如图 7-17 所示。

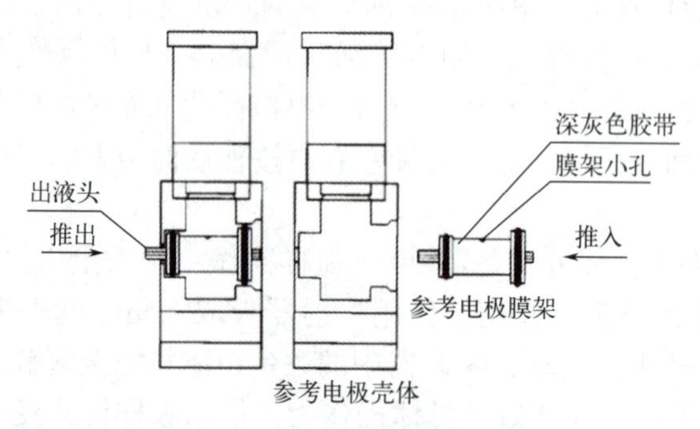

图7-17　参考电极膜架的装卸

7.3.3.2　常见故障原因及排除方法

（1）仪器无显示

① 检查电源是否接通。

② 检查电源保险丝是否熔断。

（2）仪器有显示但是无法正常运行

① 检查所用的电源是否在 220V±10% 的范围内。

② 使用稳压电源的用户检查稳压器输出电压是否有较大的波动。

③ 断电等 15 秒后再接通电源观察故障是否排除。

④ 如果电路故障，仪器开机自检时屏幕上会出现中文提示“自检出错”。

（3）定标 1 校正有数据但定标数据不稳

① 检查仪器所用电源的接地线是否良好，如无法确认，可用导线将仪器外壳与专用地线可靠连接。

② 检查各测量电极和参考电极的电极接线的插头连接是否良好。

③ 按住“PRIME”键，观察漂移校正液进入电极管道时是否有气泡产生。如有气泡产生，用户可从以下方面检查仪器：检查钾电极、钠电极、氯电极、钙电极、pH 电极、参考电极、连接块、接地板组成的样品测量管道之间的密封圈是否压紧，其位置是否准确；取样针与样品测量管道之间的连接管道是否松动；更换两根泵管；检查参考电极内是否有 KCl 晶体；检查仪器同一电源上或仪器附近是否有强干扰源，如离心机等。

（4）定标 1 校正时屏幕上电极符号后面没有数据出现“—”

仪器出现此种情况，表明电极 MV 值不正常。针对这种情况可以：

① 按下后面板上的“MV”键，蠕动泵转动吸入漂移校正液。检查管道系统是否有脱落和破裂，按住“ PRIME”键，检查废液槽是否有漂移校正液冒出，如有需要则更换两根泵管。检查钠电极、钾电极、氯电极、钙电极、pH 电极、参考电极、连接块、接地板组成的样品测量管道之间是否压紧。若漂移校正液没有通过样品测量管道，则需要检查漂移校正液是否充足。

② 如果有漂移校正液通过但液体中有气泡，则需更换泵管。

③ 等漂移校正液充满样品测量管道后，松开“PRIME”键。观察此时仪器显示的钾电极、钠电极、氯电极、钙电极、pH 电极的 MV 值是否都在 35 ～ 105 之间。如果 MV 值不正常，则按照每月维护的步骤对仪器进行维护。维护后若电极的 MV 值仍不正常，则需更换该电极。

7.3.3.3 仪器使用注意事项

① 电解质分析仪接地线必须可靠接地。

② 不允许用导电的金属物触摸仪器后面板上的所有外接插头。

③ 不允许非专业人员打开仪器后盖板和仪器外壳。

④ 检查仪器熔断器时，必须把仪器的电源插头拔掉。

⑤ 注意仪器上设置的标记，不要人为地去除各种标记。标记包括：

a. 产品名称和型号、产品标准编号和注册号。

b. 制造厂名称和商标、出厂日期或产品编号。

c. 产品的额定工作电压、额定工作频率和额定输入功率。

⑥ 熟知电源开关通断状态的识别。电源开关的 1 标记为通电源状态，0 标记为断电源状态。

⑦ 如果发现仪器有不正常的运行程序和故障，请立刻切断电源并与生产厂家联系。

⑧ 因废液中可能含有对人体健康有害的物质，所以应按照医院对有害物品处理的要求对仪器废液进行处理。

7.3.4 任务实施

请仔细阅读【任务准备】回答以下问题。

1. 每日维护项目有哪些？

____

____

____

2. 每周维护项目有哪些？

3. 每月维护项目有哪些？

4. 定期维护项目有哪些？

5. 泵管一般多久更换一次？更换步骤是什么？

6. 电极活化保养的步骤是什么？

7. 电极去蛋白保养的步骤是什么？

学习笔记

实训任务单

分组合作，选择正确工具对仪器进行维护保养。

1. 每日维护：检查漂移校正液是否够用，如有需要进行更换；仪器去蛋白保养；仪器外表的清洁保养。

2. 每周维护：对电极进行活化保养。

3. 每月维护：更换安装参考电极。

4. 定期维护：更换泵管。

5. 常见故障分析处理：

6. 操作注意事项：

7.3.5 任务评价

小组内部进行自评，其他小组进行互评，然后由老师进行点评，评价结果写在下面文本框内。

评价意见

小组内部意见

其他小组意见

教师点评

项目巩固

电解质分析仪是利用溶液的电化学性质测量样本中钾离子、钠离子、氯离子、钙离子和 pH 的仪器，其主要结构包括电极组、管路系统、电路系统、显示器和打印机。仪器安装涉及电极安装、电极组件安装和泵管安装，维护内容包括每日、每周、每月和定期维护。

学习笔记

项目学习成果评价

请根据下表要求对本活动中的工作和学习情况进行打分。

<table>
<tr><th>项目</th><th colspan="2">项目要求</th><th>配分</th><th>评分细则</th><th>得分</th></tr>
<tr><td rowspan="8">职业素养（20）</td><td rowspan="4">纪律情况（5）</td><td>按时到岗，不早退</td><td>1</td><td>违反规定，每次扣1分</td><td></td></tr>
<tr><td>积极思考，回答问题</td><td>2</td><td>根据上课统计情况得0～2分</td><td></td></tr>
<tr><td>三有（有工作页、笔、书）</td><td>1</td><td>违反规定每项扣0.3分</td><td></td></tr>
<tr><td>完成任务情况</td><td>1</td><td>根据完成任务进度扣0～1分</td><td></td></tr>
<tr><td rowspan="3">职业道德（10）</td><td>能与他人合作</td><td>3</td><td>不符合要求不得分</td><td></td></tr>
<tr><td>主动帮助同学</td><td>3</td><td>能主动帮助他人得3分</td><td></td></tr>
<tr><td>认真、仔细、有责任心</td><td>4</td><td>对工作精益求精且效果明显得4分，对工作认真得3分，其余不得分</td><td></td></tr>
<tr><td colspan="2">卫生意识（5）</td><td>5</td><td>保持良好卫生，地面、桌面整洁得5分，否则不得分</td><td></td></tr>
<tr><td rowspan="3">职业能力（60）</td><td>识读任务书（10）</td><td>案例认知</td><td>10</td><td>能全部掌握得10分，部分掌握得5～8分，不清楚不得分</td><td></td></tr>
<tr><td>资料收集（20）</td><td>收集、查阅、检索能力</td><td>20</td><td>资料查找正确得20分，不完整得13～18分，不正确不得分</td><td></td></tr>
<tr><td>任务分析（30）</td><td>语言表达能力、沟通能力、分析能力、团队协作能力</td><td>30</td><td>语言表达准确且具有针对性。分析全面正确得30分，不完整得10～28分</td><td></td></tr>
<tr><td rowspan="4">工作页完成情况（20）</td><td rowspan="4">按时完成工作页</td><td>按时提交</td><td>5</td><td>按时提交得5分，迟交不得分</td><td></td></tr>
<tr><td>内容完成程度</td><td>5</td><td>按完成情况分别得1～5分</td><td></td></tr>
<tr><td>回答准确率</td><td>5</td><td>视准确率情况分别得1～5分</td><td></td></tr>
<tr><td>有独到见解</td><td>5</td><td>视见解程度分别得1～5分</td><td></td></tr>
<tr><td colspan="5">总分</td><td></td></tr>
</table>

学生总结：

项目8

血凝固分析仪

项目导读

全自动血凝固分析仪是对凝血功能和抗凝功能以及凝血因子进行分析研究的仪器。本项目主要介绍血凝固分析仪的发展、临床应用、基本原理、基本结构、安装、保养与维护以及常见故障分析，为今后从事相关工作奠定基础。

项目学习目标

素养目标	知识目标	能力目标
1. 培养学生科学探究能力； 2. 培养学生主动探索精神和创新意识，培养学生主动获得知识的技能。	1. 掌握血凝固分析仪检测原理； 2. 掌握血凝固分析仪基本结构。	1. 能够安装血凝固分析仪； 2. 能够完成血凝固分析仪日常维护工作； 3. 能够分析血凝固分析仪常见故障并维护。

情境引入

止血是血液重要的功能之一，出血与止血的形成及调节组成了血液内存在的复杂且功能对立的凝血系统和抗凝系统，它们通过各种凝血因子的调节保持着动态平衡，使生理状态下血液维持正常的流体状态，既不溢出于血管之外（出血），又不凝固于血管之中（血栓形成）。止血与血栓实验的目的是通过各种凝血因子的检测，从不同的侧面、不同环节了解发病原因、病理过程，进而对疾病进行诊断和治疗。

问题：临床中如何检测人体出血及止血情况？

记一记

任务 8.1 血凝固分析仪基础知识认知

8.1.1 任务描述

某医院根据临床需求，按计划采购了一台全自动血凝固分析仪，公司派一位销售工程师到医院与检验科室主任进行沟通，该销售工程师需要向主任从哪些方面介绍产品？

8.1.2 任务学习目标

素养目标	知识目标	技能目标
1. 培养学生科学探究能力； 2. 培养学生主动探索精神和创新意识，培养学生主动获得知识的技能。	1. 掌握血凝固分析仪的工作原理和基本结构。 2. 了解血凝固分析仪的临床应用。	能够熟练向客户介绍血凝固分析仪的基本情况。

8.1.3 任务准备

8.1.3.1 血凝固分析仪的发展

（1）初级阶段

1910 年，Kottman 发明了世界上最早的血凝固分析仪，通过测定血液凝固时黏度的变化来反映凝固时间。1922 年，Kugelmass 用浊度计通过测定透射光的变化来反映血浆凝固时间。1950 年，Schnitger 和 Gross 发明了基于电流法的血凝固分析仪。20 世纪 60 年代，发明了机械法血凝固分析仪。

（2）发展阶段

20 世纪 70 年代，由于机械、电子工业的发展，各种类型的自动血凝固分析仪先后问世，其特点是单通道、终点法的半自动血凝固分析仪，也称第一代产品，如图 8-1 所示。80 年代起，发色底物出现并应用于血液凝固的检测，使自动血凝固分析仪除了可以进行一般筛选实验外，还可以进行凝血、抗凝、纤维蛋白溶解系统单个因子的检测。磁珠法（黏度法）的发明给血栓与止血的检测带来新概念，由于其独特的设计原理，可完全消除光学法检测的一些影响因素，称为第二代产品。90 年代，免疫通道的开发将各种检测方法融为一体，为血栓与止血的检测提供了新的手段，进入了分子生物学时代，其特点为多通道、多方法、多功能、全自动，即第三代血凝固分析仪出现，如图 8-2 所示。近年来血凝固分析仪又得到新的发展和改进，主要体现在如下几个方面：检测原理的复杂化、检测速度的增加、试剂分配系统准确性的提高和仪器随机分析功能的增强等。

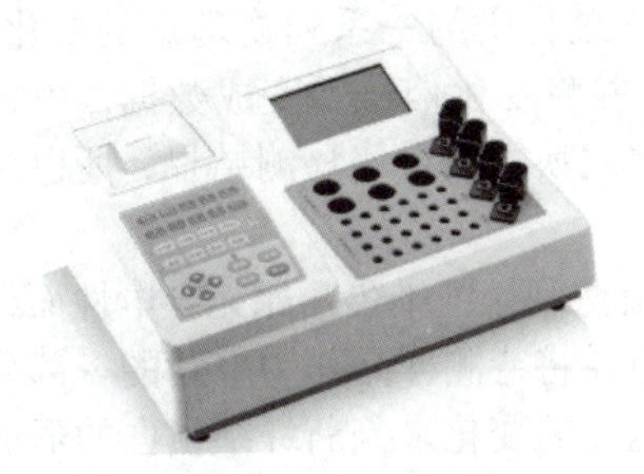
图8-1　半自动血凝固分析仪

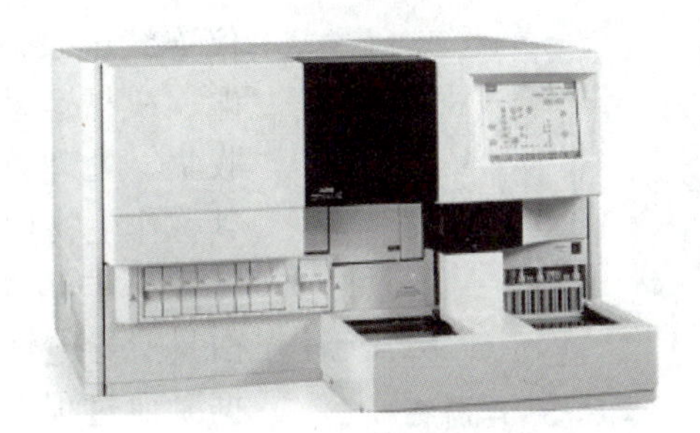
图8-2　全自动血凝固分析仪

试一试

调研国内市场上常见的血凝固分析仪的品牌有哪些？

8.1.3.2　血凝固分析仪的临床应用

目前的半自动血凝固分析仪以凝血四项、凝血因子、纤溶因子等测定为主，而全自动血凝固分析仪可以进行凝血系统、抗凝系统、纤维蛋白溶解系统功能和临床用药的测定。

（1）凝血系统

可以进行凝血系统的筛选实验，如凝血酶原时间（PT）、活化部分凝血活酶时间（APTT）、凝血酶时间（TT）测定；也能进行单个凝血因子含量或活性的测定，如纤维蛋白原（FIB）和凝血因子Ⅱ、Ⅴ、Ⅶ、Ⅹ、Ⅷ、Ⅸ、Ⅺ、Ⅻ的测定。

（2）抗凝系统

可进行抗凝血酶Ⅲ（AT-Ⅲ）、蛋白C（PC）、蛋白S（PS）、抗活化蛋白C（APCR）、狼疮抗凝物质（LAC）等测定。

（3）纤维蛋白溶解系统

可测定纤溶酶原（PLG）、α2-抗纤溶酶（α2-AP）、纤维蛋白（原）降解产物（FDP）、D-二聚体（D-dimer）等。

（4）临床用药的检测

当临床应用如普通肝素（UFH）、低分子肝素（LMWH）及口服抗凝剂（如华法林）时，可用血凝固分析仪进行监测以确保用药安全。

8.1.3.3　血凝固分析仪的基本原理

不同类型的血凝固分析仪采用的原理也不同，目前主要采用的检测方法有：凝固法、底物显色法、免疫法、乳胶凝集法等。由于在血栓/止血检验中最常用的参数均可用凝固法测量，故目前半自动血凝固分析仪基本上以凝固法测量为主；全自动血凝固分析仪则以光学法居多，但也有少数高级全自动血凝固分析仪中凝固法测量采用无样品干扰的双磁路磁珠法，而其他测量采用光学法，并可同时进行检测。

（1）凝固法（生物物理法）

凝固法是将凝血因子激活剂加入待测血浆中，使血浆发生体外凝固，用血凝固分析

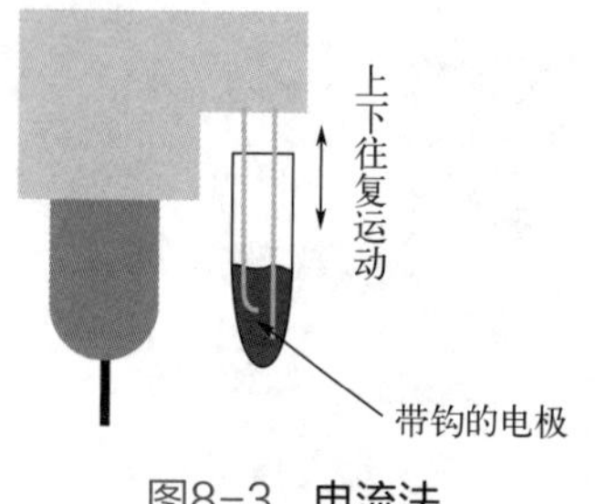

图8-3 电流法

仪连续记录血浆凝固过程中的一系列物理量的变化（光、电、机械运动等），并将变化信号转变成数据，由计算机收集、处理数据并将之换算成最终检测结果，所以也可将其称作生物物理法。

① 电流法 电流法利用纤维蛋白原无导电性而纤维蛋白具有导电性的特点，将待测样品作为电路的一部分，根据凝血过程中电路电流的变化来判断纤维蛋白的形成，如图 8-3 所示。但由于电流法的不可靠性及单一性，很快就被更灵敏、更易扩展的光学法所淘汰。

② 光学法（比浊法） 这是当前血凝固分析仪使用最多的一种检测方法。一束光通过样品杯时会发生散射和折射，样品杯中的血浆在凝固过程中，纤维蛋白原逐渐转变成纤维蛋白，其物理学形状会发生改变，透射光和散射光的强度也会随之发生改变。这种根据由血液凝固而导致光强度的变化来判断凝固终点的方法称为光学法。光学式血凝固分析仪是根据凝固过程中浊度的变化来测定凝血的。

光学法根据不同的光学测量原理，又可分为散射比浊法和透射比浊法两类。

a. 散射比浊法：散射比浊法是根据待测样品在凝固过程中散射光的变化来确定检测终点。在该方法中检测通道的单色光源与光探测器呈 90° 直角。当向样品中加入凝血激活剂后，随着样品中纤维蛋白凝块的形成，样品的散射光强度逐步增加，仪器把这种光学变化描绘成凝固曲线，当样品完全凝固以后，散射光的强度不再变化。通常是把凝固的起始点作为 0%，凝固终点作为 100%，把 50% 所对应的时间作为凝固时间。光探测器接收这一光的变化，将其转化为电信号，经过放大再被传送到监测器上进行处理，描出凝固曲线，如图 8-4 所示。当测定含有干扰物（高脂血症、黄疸和溶血）或低纤维蛋白原血症的特殊样本时，由于本底浊度的存在，作为起始点 0% 的基线会随之上移或下移，仪器在数据处理过程中用本底扣除的方法来减少这类标本对测定的影响。但是，这是以牺牲有效信号的动态范围为代价的，且对于高浊度标本并不能有效解决问题。

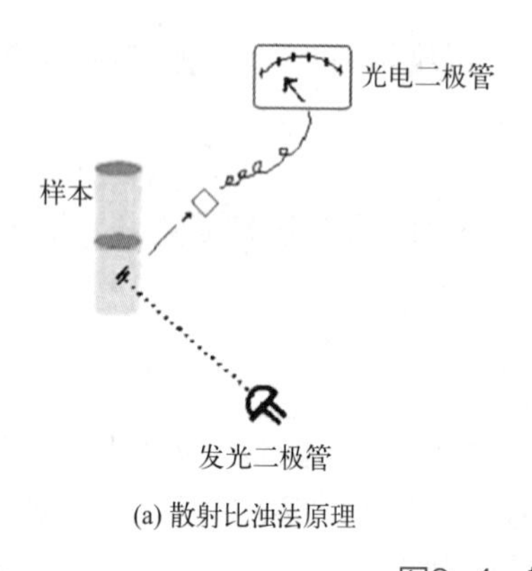

(a) 散射比浊法原理

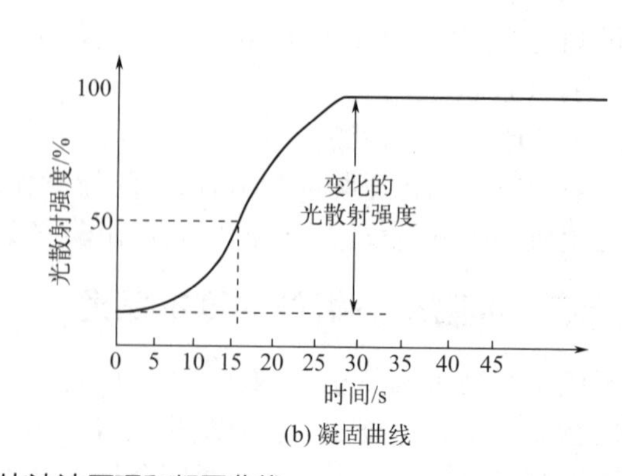

(b) 凝固曲线

图8-4 散射比浊法原理和凝固曲线

b. 透射比浊法：透射比浊法是根据待测样品在凝固过程中吸光度的变化来确定凝固终点。与散射比浊法不同的是该方法的光路同一般的比色法一样呈直线安排。来自光源的光线经过处理后变成平行光，透过待测样品后照射到光电管上转变成电信号，经过放大后传送到监测器处理。当向样品中加入凝血激活剂后，开始的吸光度非常弱，随着反应管中纤维蛋白凝块的形成，样品吸光度也逐渐增强，当凝块完全形成后，吸光度趋于恒定。血凝固分析仪可以自动记录吸光度的变化并绘制凝固曲线，设定其中某一点对应的时间为凝固时间，如图 8-5 所示。

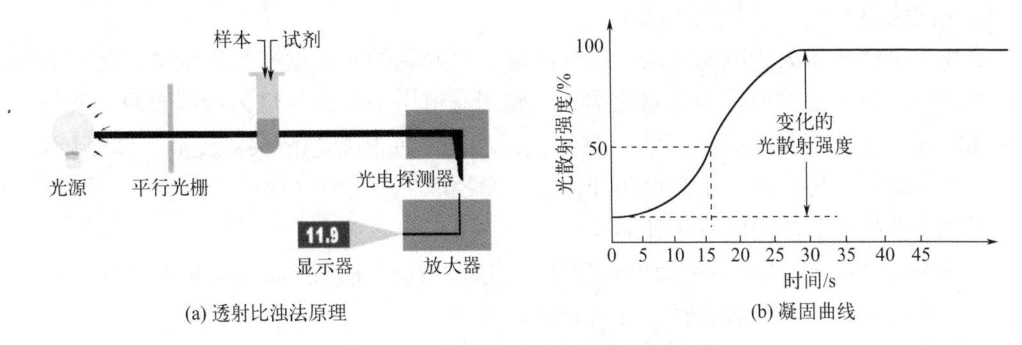

图8-5　**透射比浊法原理和凝固曲线**

光学法凝血测试的优点在于灵敏度高、仪器结构简单、易于自动化；缺点是样品的光学异常、测试杯的光洁度、加样中的气泡等都会成为测量的干扰因素。针对光学法血凝固分析仪遇到有较高初始浊度的样品就无能为力的弱点，不同型号的光学法血凝固分析仪采取了各种不同的措施。例如，有的用本底扣除的百分浊度法，这对中、低初始浊度样品有补偿作用，但仍不能解决高浊度样品的测试；又如，有的利用一阶微分的峰值作为凝固终点，但微分处理会引起重复性变差。

③ 双磁路磁珠法　测试杯的两侧有一组驱动线圈，它们能产生恒定的交替电磁场，使测试杯内特制的去磁小钢珠保持等幅振荡运动。样品中加入凝血激活剂后，随着纤维蛋白块的增多，血浆的黏稠度增加，小钢珠的运动振幅逐渐减弱，仪器利用另一组测量线圈感应到小钢珠运动的变化，当运动幅度衰减到 50% 时确定为凝固终点，如图 8-6 所示。

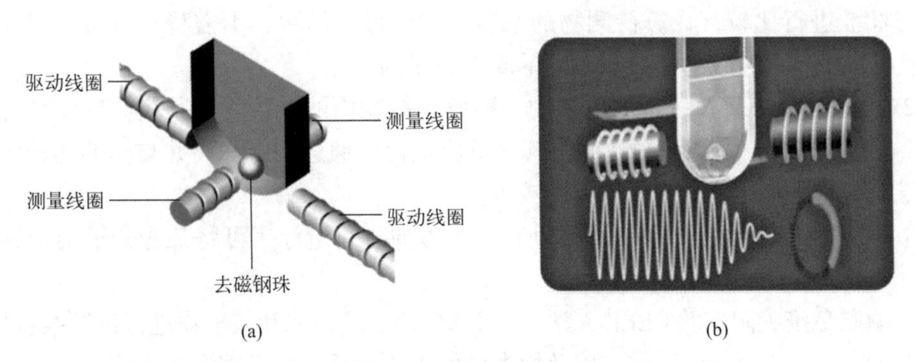

图8-6　**双磁路磁珠法原理**

双磁路磁珠法进行凝血测试时，完全不受溶血、黄疸及高脂血症的影响，甚至加样中产生气泡也不会影响测试结果。

双磁路磁珠法中的测试杯和钢珠都是专利技术，有特殊要求。测试杯底部的弧线设计与磁路相关，直接影响测试灵敏度。小钢珠经过多道特殊工艺处理，完全去掉磁性。在使用过程中，加珠器应远离磁场，避免钢珠磁化。为了保证测量的准确性，钢珠应当一次性使用。

④ 超声分析法　超声分析法是利用超声波测定血浆体外凝固过程中血浆发生变化的半定量方法。目前该法使用较少，主要用于测定凝血酶原时间、活化部分凝血活酶时间及纤维蛋白原。

（2）底物显色法（生物化学法）

底物显色法实质为光电比色法，通过测定产色底物的吸光度变化来推测所测物质的含量和活性，该方法又可称为生物化学法。检测通道用一个卤素灯为检测光源，波长一般为405nm，探测器与光源呈直线，与比色计相仿。底物显色法灵敏度高、精密度好，而且易于自动化，为血栓、止血检测开辟了新途径。

底物显色法通常使用以下3种形式：

① 先将被检血浆中的某种酶加以激活，然后由此活化的凝血因子对人工合成的底物进行水解而呈色，如纤溶酶原、蛋白C测定等。

② 向被检血浆中加入过量的有关试剂，以中和相应的抗凝因子，然后测定其残余的酶活性，如AT-活性测定、α2-抗纤溶酶测定、肝素测定等。以测定抗凝血酶Ⅲ（AT-Ⅲ）为例，在反应体系中加入过量的凝血酶，其与血浆中的AT-Ⅲ形成1∶1复合物，剩余凝血酶作用于合成的凝血酶底物S-2238（H-D-Phe-Pip-Arg-PNA·2HCl），释放出显色基团PNA，显色反应的深浅与剩余凝血酶的量呈正相关，而与AT-Ⅲ的活性呈负相关。

③ 直接测定被检血浆中某种蛋白水解酶的活性，如凝血酶、Xa因子、尿激酶测定等。

（3）免疫法

在免疫法中，以纯化的被检物质为抗原制备相应的抗体，然后用抗原抗体反应对被检物进行定性和定量测定。常用方法有：

① 免疫扩散法　将被检物与相应抗体在一定的介质中结合，测定其沉淀环的大小，然后与标准进行比较，计算待测物的浓度。此法操作简单，不需特殊设备，但耗时过长，且灵敏度不高，仅适于含量较高的凝血因子的检测。

② 火箭电泳法　在一定的电场中，凝胶支持物内的被检物与其相应抗体结合形成一个个“火箭峰”，火箭峰的高度与其含量成正比，通过测定峰高并与标准比较而进行定量测定。此法操作复杂，临床应用较少。

③ 双向免疫电泳法　在水平与垂直两个方向进行电泳，可将某些分子结构异常的凝血因子分离。

④ 酶联免疫吸附实验（ELISA法）　用酶标抗原或抗体和被检物进行抗原结合反应，经过洗涤除去未结合的抗原或抗体及标本中的干扰物质，留下固定在管壁的抗原抗体复合物；然后加入酶的底物和色原性物质，反应产生有色物质，用酶标仪进行测定，颜色的深浅与被检物浓度呈比例关系。该法灵敏度高、特异强，目前已用于许多止血、血栓成分的检测。

⑤ 免疫比浊法　将被检物与其相应抗体混合形成复合物，从而产生足够大的沉淀颗粒，通过透射比浊或散射比浊进行测定。此法操作简便、准确性好、便于自动化。免疫比浊法可分为直接浊度法和乳胶比浊法。

a. 直接浊度法：既可通过透射比浊，也可通过散射比浊。透射比浊法是指血凝固分析仪光源的光线通过待检样本时，由于待检样本中的抗原与其对应的抗体反应形成抗原 - 抗体复合物，透过的光强度减弱，其减弱程度与抗原量呈一定的数量关系，根据这一点可从透过光强度的变化来求得抗原的量。散射比浊法是指血凝固分析仪光源的光通过待测样本时，由于其中的抗原与特异的抗体形成抗原 - 抗体复合物，溶质颗粒增大，光散射增强，散射光强度的变化与抗原的量呈一定的数量关系，根据这一点可从散射光强度的变化来求得抗原含量。

b. 乳胶比浊法：即将待检物质相对应的抗体包被在直径为 15 ～ 60nm 的乳胶颗粒上，然后与被检物结合，形成抗原 - 抗体复合物的乳胶颗粒凝集，体积增大，使透射光和散射光强度的变化更为显著，从而提高实验的灵敏性。用仪器或肉眼进行定量或半定量分析。目前，多用于 FDP 和 D- 二聚体的检测。乳胶比浊法测定吸光度的原理如图 8-7 所示。入射光（I_0）进入反应杯后，被反应物吸收，测出散射光（I+I_p），通过如下公式计算出吸光度值：

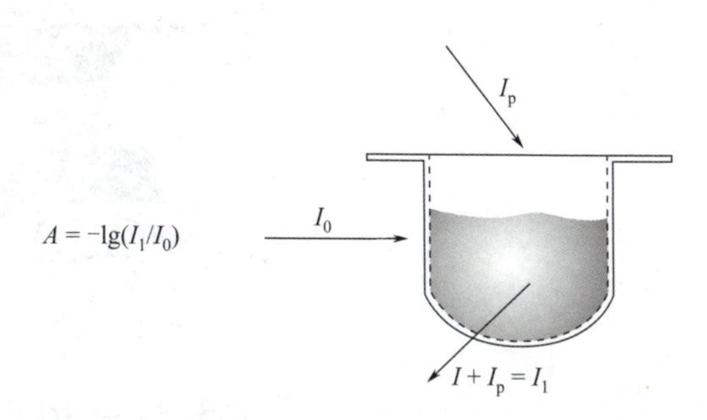

图8-7　乳胶比浊法测定吸光度的原理

干扰光 I_p，被另一个相同的只检测散射光的参比值相减而排除。

I_1=I+I_p（初测值，包括散射光和干扰光）。

I_2=I_p（参比测量，挡住入射光，只测干扰光）。

从 I_1 中减去 I_2 即为 I，干扰光 I_p 作为测量之间的参比常数。

入射光由单色波长（405nm 或 540nm）高精度激光二极管提供，得到吸光度的变化量后，即由 Lambert-Beer 定律将吸光度转变为浓度。

在检测过程中，由于待检样本中的抗原、抗体反应形成复合物，溶质颗粒增大，光散射增强。散射光强度的变化与抗原的量呈一定的数量关系，血凝固分析仪自动算出单位时间内吸光度的变化量，再根据标准曲线推算出待检物质的含量。

8.1.3.4　血液凝固分析仪的基本结构

血凝固分析仪的发展方向为进一步提高仪器的检测自动化程度，与全自动生化分析仪一样。根据自动化程度，血凝固分析仪又分为半自动和全自动仪器。前者需手工加样，检测速度较慢，原理较单一，主要检测一般常规凝血项目，仪器配备的软件功能也很有限。后者则有自动吸样、稀释样品、检测、结果储存、数据传输、结果打印、质量控制等功能，除对凝血、抗凝、纤维蛋白溶解系统功能进行全面的检测，还能对抗凝、溶栓治疗进行实验室监测。多数全自动血凝固分析仪可任意选择不同的项目组合进行检测，样品的检测具有随机性，仪器的数据处理和存储功能也较强。

（1）半自动血液凝固分析仪

目前，市售的半自动血凝固分析仪主要由样品 / 试剂预温槽、加样器、检测系统（光学、磁场）及电子计算机组成。有的半自动仪器还配备了发色检测通道，使该类仪器同时具备了检测抗凝系统及纤维蛋白溶解系统活性的功能。

一般半自动血凝固分析仪都可进行凝固法测试，而需要用其他测试方法才能实现的凝血项目则可用生化分析仪、酶标仪等进行测试。

（2）全自动血液凝固分析仪

全自动血凝固分析仪的基本构成如图 8-8 所示，包括试剂区、样品区、预温测试单元、样品传送及处理装置、样品及试剂分配系统、检测系统、电子计算机、输出设备及附件等。

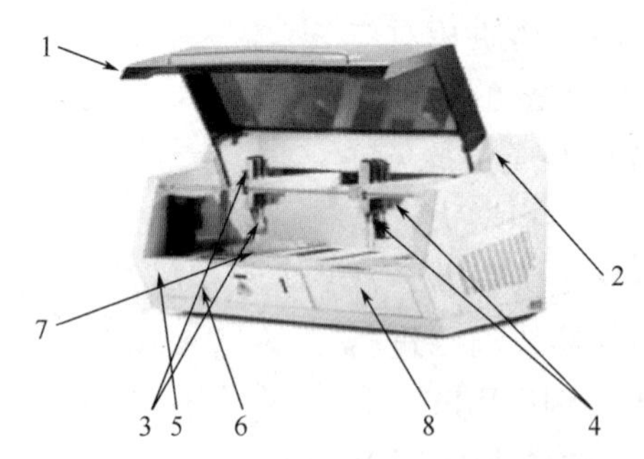

图8-8　全自动血液凝固分析仪结构

1—上盖；2—机箱；3—样品传送及处理装置；4—试剂加样臂、加样针、机械手；5—测试杯抽屉；6—样品架抽屉；7—废杯抽屉；8—试剂抽屉

① 样品传送及处理装置　由机械手组件和加样针组件组成，如图 8-9 所示。一般血浆样品由传送装置依次向加样针位置移动，多数仪器还设置了急诊位置，必要时可以使常规标本检测暂停，急诊标本优先测定。样品处理装置由标本预温盘及加样针构成。前者可以放置几十份血浆样品；加样针将血浆标本吸取后放于预温盘的测试杯中，可供重复测试、自动再稀释和连锁测试之用。

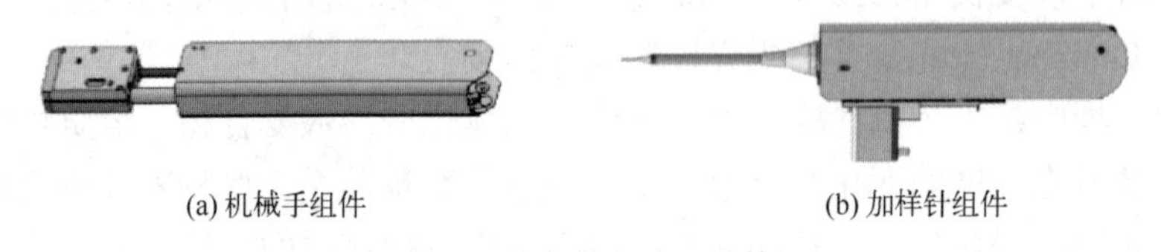

(a) 机械手组件　　(b) 加样针组件

图8-9　样品传送及处理装置

② 试剂区　试剂区分为冷藏试剂位和常温试剂位，每个试剂位可进行自定义设置，如图 8-10 所示。将试剂区的试剂拖入试剂位中，准备好的试剂放入仪器上，此试剂位即完成试剂添加。

③ 样品区　全自动血凝固分析仪采用抽屉式样品架，样品试管采用 2mL 或 3mL 一次性真空采血管。

④ 样品及试剂分配系统　样品臂会自动提起标本盘中的测试杯，将其置于样品预温槽中进行预温。然后试剂臂将试剂注入测试杯中（性能优越的全自动血凝固分析仪为避免凝血酶对其他检测试剂的污染，有独立的凝血酶吸样针），带有旋涡混合器的装置将试剂与样品进行充分混合后送至测试位，经检测的测试杯被该装置自动丢弃于特设的废物箱中。

⑤ 检测系统　这是涉及仪器测量原理的关键部分。血浆的凝固可以通过凝固反应

检测法检测，即当纤维蛋白凝块形成时，检测散射光在660nm处浑浊液吸光度的变化；或通过凝固点检测法检测，即计算达到预先设定好的吸光度值时的凝固时间；而磁珠法则是通过测定在一定磁场强度下小钢珠的摆动幅度变化来测定血浆凝固点；发色底物法及免疫法是检测反应液在405nm、575nm及800nm时的吸光度变化来反映被检测物质的活性。

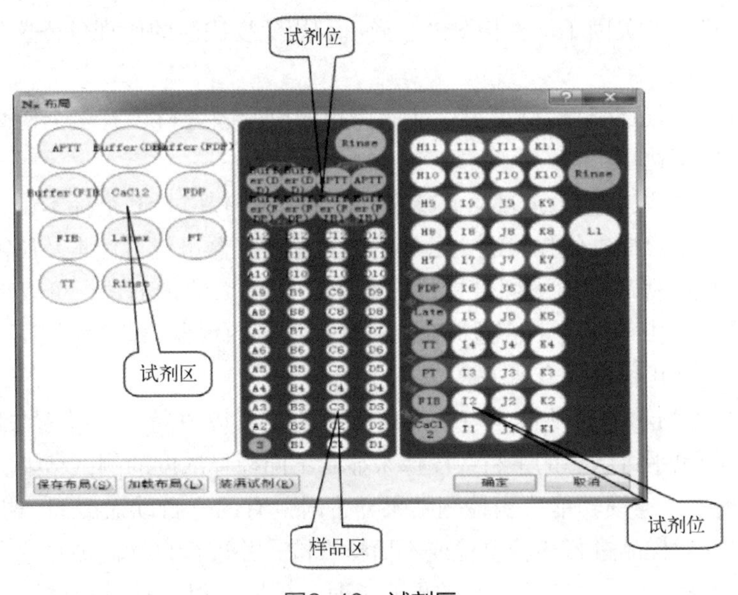

图8-10　试剂区

⑥ 电子计算机　根据设定的程序，计算机指挥血凝固分析仪进行工作并将检测得到的数据进行分析处理，最终得到测试结果。计算机还可对患者的检验结果进行储存，并记忆操作过程中的各种失误及进行质量控制有关的工作。图8-11为血凝固分析仪的电路系统。

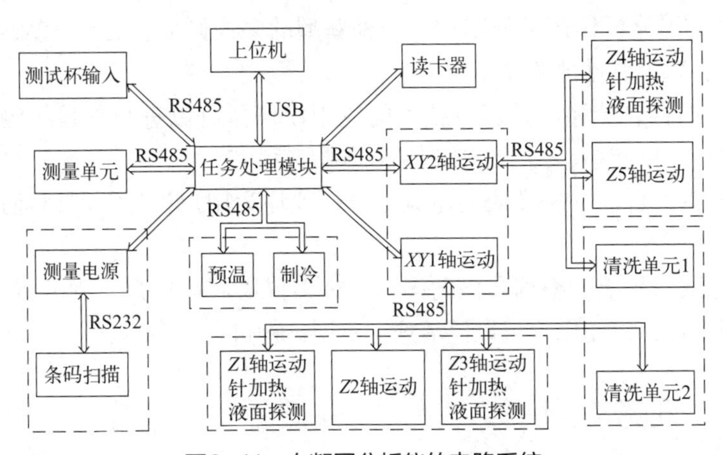

图8-11　血凝固分析仪的电路系统

⑦ 输出设备　通过计算机屏幕或打印机输出测试结果。

⑧ 附件　主要有系统附件、穿盖系统、条码扫描仪、阳性样品分析扫描仪等。

8.1.3.5 全自动血凝固分析仪的性能特点

① 检测速度快、检测项目齐全　目前，广泛使用的分析仪检测速度多在 50 ~ 300 测试 / 小时，较快的可达 700 测试 / 小时；检测的项目除常规的凝血筛选实验外，还可进行单个凝血、抗凝、纤溶系统因子的检测，也可以进行抗凝及溶栓疗法的监测。

② 活性与抗原性同时检测　目前，有的全自动血凝固分析仪除了利用血浆凝固法和显色底物法进行有关因子活性检测外，尚可利用免疫比浊的原理进行这些因子的抗原含量测定。

③ 多个检测通道同时检测项目　性能优越的血凝固分析仪有多个检测通道，同时检测的项目可以多达 10 个。

④ 多个标本及试剂位　全自动血凝固分析仪一般有超过 50 个标本位，有的尚设有急诊位，可以使紧急标本优先检测。条形码的运用使仪器可以对标本及所需检测项目进行快速识别。性能优越的血凝固分析仪设有几十个 15℃的试剂位，可以满足多个检测同时进行的需求。由于配备了盖帽贯穿式进样机，有的仪器检测时可以不打开样品管，从而使检测的自动化程度又有所提高。

⑤ 平行线生物学分析功能　有的血凝固分析仪可以进行全自动多浓度稀释分析，利用与标准曲线呈平行状态的平行线图像来显示不同稀释浓度的测试结果。

⑥ 自动重检、连锁功能　当检测结果异常时，有的全自动血凝固分析仪可以根据先前的设定自动对样品进行稀释重检或不稀释重检，并进行自动连锁筛选实验。如当活化部分凝血活酶时间（APTT）检测结果异常时，仪器可以自动进行重检，如结果仍然异常，血凝固分析仪自动进行凝血酶原时间（PT）测定。若 PT 结果正常，根据设定，仪器可以自动检测 F Ⅷ：C、F Ⅸ：C、F Ⅺ：C 或 F Ⅻ：C；若 PT 的结果亦为异常，仪器可以自动检测血浆纤维蛋白原（FIB）的含量。

⑦ 质量控制　有些全自动血凝固分析仪拥有 10 组各 2 个质控文件，一个为现用质控文件，另一个是新批号质控文件，以全面支持实验室质控要求。在均数或 L-J 之外，有的全自动血凝固分析仪还另外附加了一种新型的多规则质控方法（Westgard），从而为检验提供具有高可靠性的测试结果。

⑧ 结果的储存、传递　计算机技术的应用使仪器可以进行大量检测数据的储存，通过特定的接口可以使检验结果迅速传递到各临床科室。

⑨ 科研通道　目前，较高级的血凝固分析仪均为用户设计了科研通道，使其应用范围得以扩大。

⑩ 开放的试剂系统　根据我国的国情，许多仪器厂商在血凝固分析仪上设置了开放的试剂检测系统，以便用户可以灵活选用不同试剂进行检测。

8.1.4 任务实施

请仔细阅读【任务准备】回答下列问题。

1. 简述血凝固分析仪近年来的发展主要体现在哪些方面？

2. 简述血凝固分析仪常用的检测方法。

3. 血凝固分析仪主要包括哪些系统？其功能有哪些？

学习笔记

实训任务单

结合实训室血凝固分析仪，就血凝固分析仪的临床应用、结构、原理、性能等情况进行介绍。

8.1.5　任务评价

小组内部进行自评，其他小组进行互评，然后由老师进行点评，评价结果写在下面文本框内。

评价意见

小组内部意见

其他小组意见

教师点评

血液凝固分析仪

血液凝固分析仪的工作原理

血液凝固分析仪的基本结构

任务8.2　血凝固分析仪的安装

8.2.1　任务描述

仪器安装前，售后工程师要根据公司安排与指定用户负责人进行电话沟通，确定装机时间、地点、参加培训人员及用户需要准备的内容，便于用户安排人员接待以及组织参加培训。

8.2.2 任务学习目标

素养目标	知识目标	技能目标
1. 培养学生科学探究能力； 2. 促进学生主动学习，激发学生创新能力。	熟悉血凝固分析仪的安装注意事项。	能够对血凝固分析仪进行安装。

8.2.3 任务准备

8.2.3.1 准备工具

十字及一字螺丝刀、内六角扳手、万用表、移液器、烙铁、电路板等。

8.2.3.2 安装环境要求

检查用户仪器的使用环境，若不符合要求，应立即协商解决。

（1）工作台

检查工作台是否稳固牢靠，工作台是否避免阳光直射；工作台尺寸要求：长至少1.3m、宽为0.8m，另加电脑主机、显示器、打印机。

（2）环境温度和湿度

环境温度10～30℃，湿度小于80%，大气压86～106kPa，避免阳光直射，远离腐蚀和电磁干扰源，通风良好。

（3）电源电压

电源工作电压220V±22V；电源电压稳定，如不稳定告知用户配备稳压器；对地电压≤4V，若没有接地或者对地大于4V，请告知用户单独外接地线。

（4）强磁干扰

检查实验室附近是否安装电子计算机断层扫描仪（CT）、X光机、核磁共振的仪器，观察仪器周围3m内是否安装大型离心机，严禁与其他大型设备放在一起。

8.2.3.3 安装步骤

（1）开箱检查

① 外包装检查　检查外包装表面是否有破损，有条件可以拍照保留证据以便与物流及相关事项解决。

② 物品清点　联系客户的仪器负责人开箱验收（检验科主任、设备科长）；拆箱后，安装人员安装“装箱单”上面的物品，仪器负责人清点每件物品；检查随机装机试剂和清洗液（注意：开箱清点时，每清点完成一项应立即放回原属包装盒，切忌物件凌乱摆放）。

③ 仪器外观检查　检查仪器表面是否有破损、掉漆。

（2）仪器连接

① 拆除仪器固定保护装置　取出仪器，并安放于操作平面，取掉仪器上所有的固定装置。

② 连接电源线及数据线 连接计算机主机、显示器、键盘、鼠标、打印机等设备的电源线及信号线，连接仪器电源线和与电脑主机之间的USB数据线（注意请勿将数据线拉得太紧）。

③ 连接外部管路 取出随机附带的清洗液桶，将进水管一端连接仪器的“蓝色进水口”，另一端插入清洗液桶底部；将长的缺液报警管一端连接仪器后面的“蓝色报警口”，另一端带浮子直接插入清洗液桶。

取出随机附带的废液桶，将排水管一端连接仪器后面的“红色排水口”，另一端直接插入废液桶中；将短的满液报警管一端连接仪器的“红色报警口”，另一端带浮子直接插入废液桶中。

（3）设备连接

全自动血凝固分析仪整个系统由主机、计算机、显示器及打印机等设备连接组成，如图8-12所示。

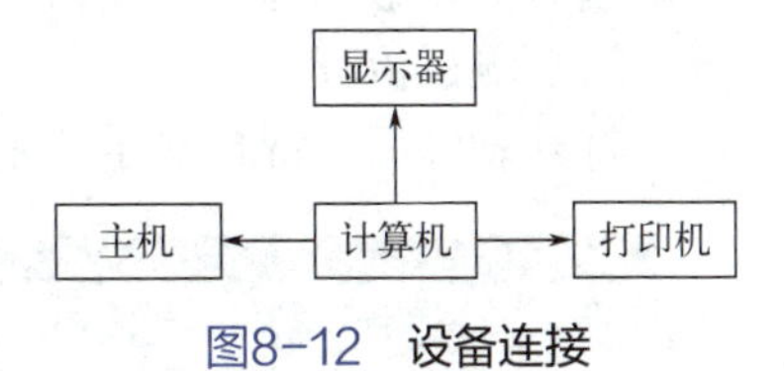

图8-12 设备连接

（4）仪器调试

① 联机 先打开仪器电源，再打开血凝固分析软件，以工程师账户登录，查看仪器是否可以正常联机。

② 进排水报警检查 清洗液缺液或者废液满液是否正常报警。

③ 定位数据是否准确 包括检查样品针、试剂针、试剂位、样品位、测试位、机械手方面，具体操作如下：

a. 样品针寻位：样品针在测试杯孔中心位置，样品针距测试杯底部2mm。

b. 试剂针寻位：试剂针在测试杯孔中心位置，试剂针距测试杯底部5mm。注意：加样、加试剂时，加样针不能碰触测试杯。

c. 试剂位：加样针均在试剂瓶孔中心位置，加样针距试剂瓶底部最低限位2mm。

d. 样品位：样品针在真空采血管孔中心位置，加样针距真空采血管底部最低限位12mm；样品针都能准确地寻到样品盘所有的孔位。

e. 测试位：查看发光二极管的光束是否在测试杯中间穿过，查看测试曲线是否正常。

f. 机械手：查看机械手抓杯、放杯是否顺畅。注意：若位置不准确，可重新定位或微调进行调整。

④ 温度检查 开机30min后，检查各位置温度，16℃试剂存放区、试剂针；37℃样品预温区。

⑤ 加样针液面感应检查。

⑥ 清洗检查 查看进排水系统是否正常工作，能否充盈管路，清洗正常；检查加样针是否无滴漏和挂液；检查管路是否无堵塞、漏液情况。

8.2.3.4 仪器的操作

（1）仪器简易操作流程

① 开机 打开仪器左侧电源开关→打开显示器开关→打开电脑开关→打开打印机开关→鼠标左键双击桌面血凝固分析软件的快捷方式图标，进入程序→在［用户登录界面］输入用户名和密码→点击“确定”→清洗→等待仪器温育。

测试前准备：添加X1和X2清洗液→添加测试杯→复溶或添加试剂并对应放好→清洗多次，确认管路完全被清洗液充盈，且无气泡或断链。

② 质控 质控→选择质控项目→查看质控结果。

③ 测试　进入测试界面→标本编号对应放入样品盘→点击样本→输入起始和终止的标本号和孔位号→选择添加→点击开始→布局确定（查看试剂余量）。

④ 信息录入　点击患者界面→录入患者信息。

⑤ 结果查询打印　点击查看结果界面→点击查询→选择“搜索条件”→点击确定→选择要打印的标本→点击打印，即可打印报告。

⑥ 关机维护　点击清洗加样针→将剩余的试剂瓶、X2 清洗液瓶取出盖好，并放到冰箱保存→将样品盘中的标本全部取出→打开右边的垃圾箱，清理垃圾箱内的废弃物→关好上盖。

⑦ 关机　清洗→点击屏幕右上角的关闭按钮或者左下角的退出→关闭打印机→关闭电脑→关闭显示器→关闭仪器侧面的电源开关→关上仪器上盖。

（2）测试流程

打开软件后，屏幕显示测量界面，如图 8-13 所示。

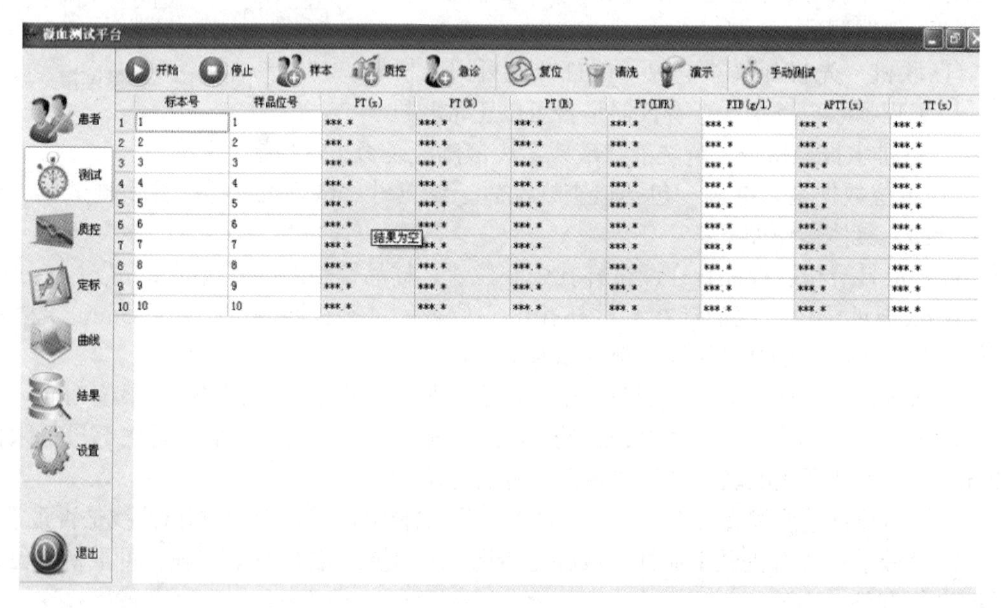

图8-13　软件操作界面

测量界面说明：

① 点击样本，将有对话框弹出，此对话框内可进行当天标本测量的设置。

② 点击开始，仪器开始运行测量。

③ 点击停止，加样针停止工作，已加样的测试杯继续测量。

④ 点击质控，可进行质控测量的设置。

⑤ 点击急诊，可进行急诊测量的设置。

⑥ 点击复位，系统复位，包括两个加样臂、样品盘、测试转盘、注射器等。

⑦ 点击清洗，样品针和试剂针轮流清洗，清洗完毕，废液泵工作，排干集液桶内的废液至废液桶。

⑧ 点击演示，演示测量过程，注射器不工作。

⑨ 点击手动测试，仪器进入手动测试模式，在此模式下，仅仪器的测试部分工作。

（3）添加标本测试

在测量界面中点击样本，进入测试设置界面，如图 8-14 所示。

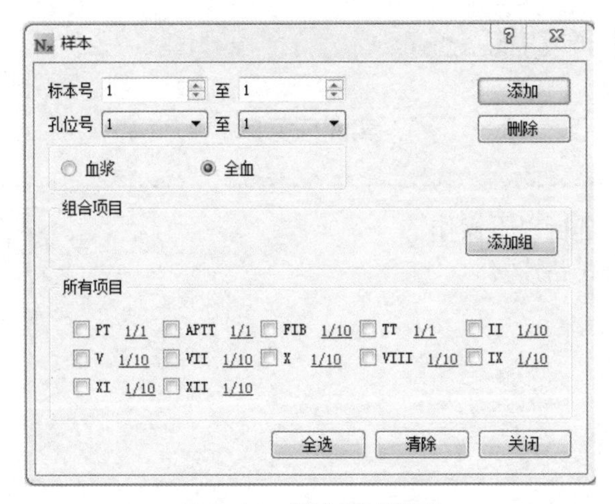

图8-14　样本测试界面

① 将离心后的患者血浆插入样品盘的任意孔位中。

② 将试剂放入试剂位。

③ 在对话框对孔位号、标本号、检测项目进行设置。

④ 标本号设置　点击标本号框后的递增键，输入起始标本号和终止标本号，每天的标本号应是唯一的，不能重复设置。

⑤ 孔位号设置　起始孔和终止孔分别对应放置样品的起始和终止号。设置方法同标本号设置。

⑥ 选择血浆测试或全血测试模式。

⑦ 选择要测试的项目（直接选择项目或者项目编组）。

⑧ 点击开始按键，测试开始。

（4）签收及撤离

① 清理现场　工作结束后，安装人员必须将工作台面清理干净，要求工作台面上不得遗留纸屑等废弃物，废弃物必须丢弃到垃圾桶内。

② 联系科室主任，展示交付仪器。

③ 用户签收　培训完毕后，安装人员必须将《客户装机培训验收单》递交到用户手中；安装人员请用户操作员在《客户装机培训验收单》“验收”处依次画钩，请用户操作人员签字。填写客户信息（客户名称、地址、邮编、联系人、电话），完成安装培训记录单，请用户负责人在“负责人验收签字处”签字，最后盖章。

8.2.4　思政小课堂

日常工作中，我们常与他人打交道，请问应该注意哪些礼貌细节？

____

____

____

8.2.5 任务实施

实训任务单

以小组为单位进行以下操作。

1. 仪器管路及线路连接。

2. 仪器开关机操作。

3. 仪器的调试操作。

8.2.6　任务评价

小组内部进行自评，其他小组进行互评，然后由老师进行点评，评价结果写在下面文本框内。

评价意见

小组内部意见

其他小组意见

教师点评

任务 8.3　血凝固分析仪的保养与维护

8.3.1　任务描述

血凝固分析仪的保养分为每日保养、每周保养、每月保养及每年保养。一般每日保养、每周保养、每月保养由使用人员来完成。在仪器安装时，厂家工程师会对使用人员进行培训。每年保养专业性较强，由售后工程师上门完成。

8.3.2　任务学习目标

素养目标	知识目标	技能目标
1. 培养学生科学探究能力； 2. 激发学生学习积极性。	熟悉血凝固分析仪保养所需工具。	能够对血凝固分析仪进行日常保养与维护。

8.3.3 任务准备

血凝固分析仪的保养分为每日保养、每周保养、每月保养及每年保养。

8.3.3.1 每日保养

每日保养项目包括维护管路、添加清洗液、倾倒废液、清洁加样针头、清洁样品架、清洁仪器工作平台、倾倒废杯盒。

（1）维护管路

要保证测量结果的准确性，管道中必须充满清洗液，对加样针进行足够的清洗，防止交叉污染发生。这项工作一般在每天测试前及每天关机前检查，在测试界面点击“清洗”按键即可。

（2）添加清洗液、倾倒废液

每天开始工作前，检查清洗液并添加，保证当天用量。关机后，倾倒废液桶中的废液。操作步骤：①将清洗桶的上盖打开，把进水管和液面感应器从桶中拔出。②更换一桶清洗液，拧紧清洗液盖。③将废液桶的上盖打开，把出水管和液面感应器从桶中拔出。④倾倒废液桶内的废液，拧紧废液桶盖。

（3）清洁加样针头

每日工作结束，进行加样针保养。操作步骤：①用棉签蘸试剂清洗液擦拭 3 个针的针头部位；②点击清洗进行冲洗；③用干净棉签小心擦拭针外壁，擦干针体外壁。

（4）清洁样品架

每日工作结束，清理样品架上的污物。操作步骤：①关机后，将 1 号机械臂推移到测试杯卷带位；②使用干净的软布蘸清水擦拭。若不小心将标本洒在样品架内，请使用 75% 的医用酒精进行消毒。

（5）清洁仪器工作平台

每日工作结束，操作者清洁整个仪器操作平台，保持操作平台的清洁。操作步骤：①关机后，将 1 号机械臂和 2 号机械臂推移，露出整个工作台面；②使用干净的软布蘸清水擦拭，清洁范围包括清洗位及其周围、温育测试部分表面、试剂位表面及杯槽内、样品架周围等。若不小心将标本或试剂洒在操作平面上，请使用 75% 的医用酒精进行消毒。

（6）倾倒废杯盒

每日工作结束，倾倒废杯盒中的废杯，废杯袋是否更换视使用情况而定。操作步骤：①关机后，拉出废杯盒；②取出废杯袋，将废杯倒入垃圾箱（废杯按国家或地方相关规定处理）；③取一新的废杯袋装入废杯盒，将废杯盒推入工作位置。

8.3.3.2 每周保养

每周保养项目包括检查机械手、检查针是否堵。

（1）检查机械手

每周对 1 号和 2 号机械臂的两个机械手进行检查保养。

操作步骤：①将机械手的外套上推，用酒精擦洗金属钩；②将机械手的外套上推，用酒精擦洗机械手抓杯口外面和里面的感应器；③用手上下推动机械手外套，检查是否上下活动灵活；④检查机械手推杆的弹簧是否有力。

（2）检查针是否堵

检查完毕机械手后，检查加样针是否堵或微堵，出现堵或者微堵后，可用通堵针进行清理。

操作步骤：①关机后，将机械臂和加样针拉至容易操作的位置；②用通堵针从加样针口反复插入，并轻轻转动几下；③开机，进行清洗针程序。

8.3.3.3　每月保养

仪器内部装有防尘网以防灰尘进入，必须定期清洁防尘网，非常脏污时，需要更换新网。操作步骤：①打开仪器遮光罩；②下压防尘网顶部；③拉出防尘网；④用真空吸尘器或类似工具清除防尘网上的灰尘；⑤将防尘网安装到防尘网盖上；⑥安装防尘网盖。

8.3.3.4　每年保养

每年保养项目包括检查管路、更换排水泵管。

（1）检查各管路

在仪器长时间工作以后，需要对仪器进行整个管路的维护保养。请按照图8-15所示的管路清洗单元管路连接图来检查各管路情况，查看其老化情况并且检查各接头部分是否有堵塞或漏气的现象。

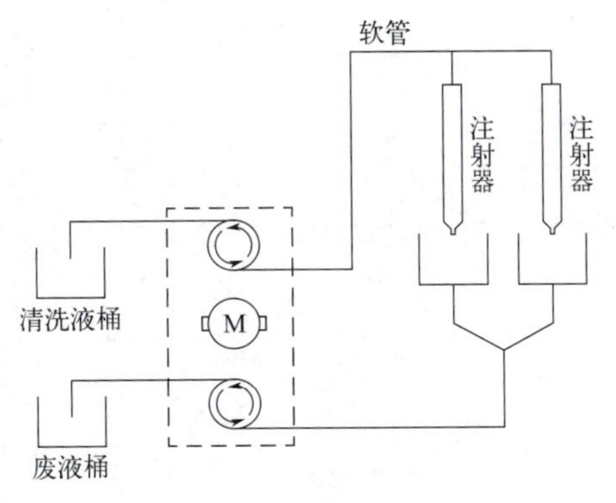

图8-15　管路清洗单元

（2）更换排水泵管

拉开试剂抽屉，在试剂抽屉的右侧面是整个仪器的管路连接区，有2个蠕动泵为3个加样针提供清洗液和将2个洗针位废液排到废液桶。检查完毕后，如发现管路老化需要更换，请按照原管尺寸进行更换（管件在仪器的附件盒内由厂家提供）。

8.3.3.5　常见故障及解决办法

血凝固分析仪常见故障及解决办法如表8-1所示。

表8-1 血凝固分析仪常见故障及解决办法

故障现象	可能原因	解决方法
打开测试仪电源开关，仪器不通电	1. 三相电源插头松脱；2. 保险熔断	1.重新固定电源插头；2. 更换同等规格保险管
打开测试仪电源开关，加样臂不复位	各功能模块（样品位、试剂位）抽屉未到位	将样品位或试剂位抽屉退到位
软件连接时，无法连接	检查数据线两端插口是否安装到位	重新插入数据线
清洗液、试剂不足报警	清洗液或试剂不足	更换所提示的清洗液或试剂
清洗时管路压力过高或过低	1. 参数设定有误；2. 管路堵塞；3. 针头堵塞；4. 管路破裂或接头脱落	1. 按要求设定参数；2. 观察管路堵塞的位置，进行通堵；3. 用通堵针进行通堵；4. 更换破裂管路或接好脱落接头
打印报告异常	1. 打印机电源未开；2. 打印机传输电缆松脱；3. 打印机色带或硒鼓损坏；4. 打印机驱动程序损坏；5. 打印报告样本选择错误	1. 打开打印机电源开关；2. 重新固定传输电缆；3. 更换色带或硒鼓；4. 重新安装驱动程序；5. 重新设定正确的报告样本

学习笔记

8.3.4　任务实施

实训任务单

完成维护管路、添加清洗液、倾倒废液、清洁加样针头、清洁样品架、清洁仪器工作平台、倾倒废杯盒、检查机械手、检查针是否堵工作任务。

8.3.5 任务评价

小组内部进行自评，其他小组进行互评，然后由老师进行点评，评价结果写在下面文本框内。

评价意见

小组内部意见

其他小组意见

教师点评

项目巩固

血凝固分析仪的种类不同，其检测原理也不同，目前主要采用的检测方法有：凝固法、底物显色法、免疫法、乳胶凝集法等。血凝固分析仪基本结构主要包括试剂区、样品区、预温测试单元、样品传送及处理装置、样品及试剂分配系统、检测系统、电子计算机、输出设备及附件等。血凝固分析仪的保养与维护分为每日保养、每周保养、每月保养及每年保养。

项目学习成果评价

请根据下表要求对本活动中的工作和学习情况进行打分。

项目	项目要求		配分	评分细则	得分
职业素养（20）	纪律情况（5）	按时到岗，不早退	1	违反规定，每次扣1分	
		积极思考，回答问题	2	根据上课统计情况得0～2分	
		三有（有工作页、笔、书）	1	违反规定每项扣0.3分	
		完成任务情况	1	根据完成任务进度扣0～1分	
	职业道德（10）	能与他人合作	3	不符合要求不得分	
		主动帮助同学	3	能主动帮助他人得3分	
		认真、仔细、有责任心	4	对工作精益求精且效果明显得4分，对工作认真得3分，其余不得分	
	卫生意识（5）		5	保持良好卫生，地面、桌面整洁得5分，否则不得分	
职业能力（60）	识读任务书（10）	案例认知	10	能全部掌握得10分，部分掌握得5～8分，不清楚不得分	
	资料收集（20）	收集、查阅、检索能力	20	资料查找正确得20分，不完整得13～18分，不正确不得分	
	任务分析（30）	语言表达能力、沟通能力、分析能力、团队协作能力	30	语言表达准确且具有针对性。分析全面正确得30分，不完整得10～28分	
工作页完成情况（20）	按时完成工作页	按时提交	5	按时提交得5分，迟交不得分	
		内容完成程度	5	按完成情况分别得1～5分	
		回答准确率	5	视准确率情况分别得1～5分	
		有独到见解	5	视见解程度分别得1～5分	
总分					

学生总结：

附　录

课程标准

职业速递

拓展阅读

当出现故障时：①询问用户使用情况。维修技术人员接到故障设备后，不要急于拆开它，要询问用户使用情况、产生故障的现象以及故障前的异常现象等，并做好记录，为下一步维修做好准备。②试机观察。观察包括看与闻，观察仪器设备组成部分的外形变化，如熔断丝是否烧断、紧锁固件是否松动、整机是否有冒烟现象，仪器内部是否短路而出现跳闸现象；闻仪器是否散发出焦糊气味。③测量。这项工作是在询问与观察基础上，依据不同仪器设备整机工作原理，结合故障现象，判断产生故障原因。可以运用万用表检测相关点的电压和电流，用示波器检测相应点的波形图，缩小查找故障范围，确定故障部位和故障元器件。

1. 故障排除方法

（1）直观法维修

仪器常出现的故障是开机时无任何显示。若是机械故障，应检查齿轮是否磨损、传动带是否老化断裂、支柱或螺栓是否松动等；若是电路故障，可检查电源部分是否正常、熔断丝是否烧断。可根据熔断丝烧断程度判断故障是仪器内部因素引起，还是外部因素引起。如果熔断丝烧断较黑，常是仪器内部大功率元器件短路；如果熔断丝断丝清晰，则常是由仪器外部供电电压与电流不稳或是仪器内部小元件故障引起的。另外，光学显微镜光源灯、分光光度计光源灯等因长期使用，灯脚易被氧化，造成接触不良而无法点亮，用细砂纸打磨光洁可恢复正常使用。仪器内部继电器触点被氧化以及各类仪器弹性开关触点、触摸屏的功能选择触点按钮等均可用细砂纸打磨光洁或使用触点清洁剂处理。

（2）替代法维修

在维修过程中，需更换的元器件若一时无法购买到相同型号的产品，则可选择替代法。如维修采样值无法达到要求的KC-120H型智能中流量总悬浮颗粒物（TSP）采样器，经查是1.5kΩ多圈电位器失效，而市面上未能购到同阻值元件，则选择阻值相差不大的2kΩ多圈电位器替换，仪器即恢复正常。一般情况下，替代电位器可选用功率接近、阻值略大些的即可；晶体管的替换可根据耐压值、击穿电流等参数，选择参数值接近的替换。

（3）对比法维修

一些仪器在出现故障时，用户无法提供使用说明书及电路图，甚至仪器设备厂家根本没有提供电路图。在这种情况下就要用对比法或参照法维修，当故障元器件被烧毁、腐蚀、氧化而无法确认参数值时，可以查看同类仪器中功能相同部分的电路，其电路中有一些元器件组存在一致性、对称性。对照测试同类仪器对应元器件的参数，为排除故障提供参考依据。

（4）测量分析法维修

对一些内部电路较复杂的仪器设备，应依使用功能分为若干部分，有针对性地进行分析、检查，使用万用表测量相关点的电压并与正常值比较，使用示波器查看波形信号以分析故障范围，找出电路中的故障元器件。

2. 医疗器械售后工程师

医疗器械行业近年来发展迅速，其岗位需求人员也越来越多，其中医疗器械售后工程师是掌握医疗器械售后服务、维修保养基础理论与知识，从事医疗器械生产、维护和销售等工作的高级技术应用型专门人才。主要从事的工作包括：医疗器械的生产、维护和销售。

职业概述：随着医学水平的发展，现代医疗更多地依赖现代化的医疗设备，医疗器械售后工程师隶属于各医疗设备公司或者各大医院器械科，主要负责各种医疗仪器、器械的现场安装、调试及维修服务等工作，保证临床工作正常运转。一般要求医学工程、机械、电气、自动化等相关专业知识，有技术开发或设计的工作经验。

工作内容：负责各种医疗仪器、器械的现场安装、调试及维修服务工作；受理投诉，解决售后技术使用问题。

职业要求：医学工程、机械、电气、自动化等相关专业大专以上学历。

工作经验：有一年以上的技术开发或设计的工作经验。有较强的与客户沟通能力、表达能力、学习能力和团队观念。

薪资行情：这类工程师往往肩负各家公司的器械销售一体，公司不同，收入悬殊。

发展路径：我国是医疗器械消费大国，医疗器械售后工程师具有很好的发展前景，一些小型的医疗设备已经走向家庭，行业发展空间将更为广阔。医疗卫生部门、生物医学仪器设备企业等单位对该类人才都具有强大的需求，有着相当广泛的就业市场。

参考文献

[1] 邸刚. 医用检验仪器应用与维护. 北京：人民卫生出版社，2011.
[2] 蒋长顺. 医用检验仪器应用与维护. 2版. 北京：人民卫生出版社，2018.
[3] BC5800血细胞分析仪维修手册.
[4] BS-430&450&460生化分析仪维修手册.
[5] CL-1000i&1200i化学发光免疫分析仪维修手册.
[6]《医疗器械监督管理条例》(国务院令第739号).
[7] YY/T 1155—2019 全自动发光免疫分析仪.
[8] YY/T 0654—2017 全自动生化分析仪.